クジラ&イルカ
生態ビジュアル図鑑

水口博也　Hiroya Minakuchi

whale & dolphin
visual guide

誠文堂新光社

CONTENTS

5 クジラと出会う海
Where we meet whales

6 ●アラスカ　Alaska, USA
28 ●カナダ　チャーチル　Churchill, Canada
38 ●カリフォルニア沿岸　California Coast, USA
62 ●メキシコ　サンイグナシオ湾　San Ignacio Lagoon, Mexico
76 ●小笠原諸島　Ogasawara Islands, Japan
98 ●アルゼンチン　バルデス半島　Valdes Peninsula, Argentina
120 ●南極半島　Antarctic Peninsula

133 ヒゲクジラの仲間たち（ヒゲクジラ亜目）
Baleen Whales, Mysticetes

134 ●シロナガスクジラ　Blue Whale
136 ●ナガスクジラ　Fin Whale
137 ●イワシクジラ　Sei Whale
138 ●ニタリクジラ　Bryde's Whale

　　140 ●行動図鑑 1　Watching Guide 1

142 ●ミンククジラ　Minke Whale
143 ●クロミンククジラ　Antarctic Minke Whale
144 ●ザトウクジラ　Humpback Whale
148 ●コククジラ　Gray Whale
150 ●セミクジラ　North Pacific Right Whale
150 ●タイセイヨウセミクジラ　North Atlantic Right Whale
151 ●ミナミセミクジラ　Southern Right Whale

　　152 ●ヒゲクジラ類の採餌行動　Feeding Behaviors of Baleen Whales

154 ●ホッキョククジラ　Bowhead Whale

155 ハクジラの仲間たち（ハクジラ亜目）
Toothed Whales, Odontocetes

- 156 ●マッコウクジラ　Sperm Whale
- 160 ●キタトックリクジラ　Northern Bottlenose Whale
- 161 ●アカボウクジラ　Cuvier's Beaked Whale
- 161 ●ツチクジラ　Baird's Beaked Whale
- 162 ●コブハクジラ　Blainville's Beaked Whale
  - 163 ●アカボウクジラ科のクジラたち
- 164 ●イッカク　Narwhal
- 166 ●ベルーガ（シロイルカ）　Beluga（White Whale）
  - 168 ●さまざまな歯　Teeth of Toothed Whales
- 170 ●シャチ　Killer Whale, Orca
  - 172 ●行動図鑑 2　Watchig Guide 2
- 174 ●コビレゴンドウ　Short-finned Pilot Whale
- 174 ●オキゴンドウ　False Killer Whale
- 175 ●カズハゴンドウ　Melon-headed Whale
- 175 ●ユメゴンドウ　Pygmy Killer Whale
- 176 ●ハンドウイルカ（バンドウイルカ）　Bottlenose Dolphin
- 178 ●ミナミハンドウイルカ　Indo-Pacific Bottlenose Dolphin
- 180 ●マイルカ　Short-beaked Common Dolphin
- 181 ●ハセイルカ　Long-beaked Common Dolphin
- 182 ●ハシナガイルカ　Spinner Dolphin
- 183 ●スジイルカ　Striped Dolphin
- 184 ●マダライルカ　Pantropical Spotted Dolphin
- 186 ●タイセイヨウマダライルカ　Atlantic Spotted Dolphin
- 190 ●ハナゴンドウ　Risso's Dolphin
- 191 ●シワハイルカ　Rough-toothed Dolphin
- 191 ●シナウスイロイルカ　Indo-Pacific Humpback Dolphin
  - 192 ●行動図鑑 3　Watching Guide 3
- 194 ●カマイルカ　Pacific White-sided Dolphin
- 196 ●ハラジロカマイルカ　Dusky Dolphin
- 198 ●タイセイヨウカマイルカ　Atlantic White-sided Dolphin
- 198 ●ハナジロカマイルカ　White-beaked Dolphin

- 199 ●ミナミカマイルカ　Peale's Dolphin
- 199 ●ダンダラカマイルカ　Hourglass Dolphin
- 200 ●セミイルカ　Northern Right Whale Dolphin
- 200 ●シロハラセミイルカ　Southern Right Whale Dolphin
- 201 ●コビトイルカ　Tucuxi
- 201 ●カワゴンドウ（イラワジイルカ）　Irrawaddy Dolphin
- 202 ●サラワクイルカ　Fraser's Dolphin
- 202 ●セッパリイルカ　Hector's Dolphin
- 203 ●コシャチイルカ　Heaviside's Dolphin
- 204 ●イロワケイルカ　Commerson's Dolphin
- 205 ●ネズミイルカ　Harbor Porpoise
- 205 ●コガシラネズミイルカ　Vaquita
- 206 ●イシイルカ　Dall's Porpoise
- 207 ●スナメリ　Finless Porpoise
- 208 ●アマゾンカワイルカ　Amazon River Dolohin, Boto

209　クジラ・イルカをよく知るために
Understanding Whales and Dolphins

- 210 ●世界でホエール・ウォッチングができる主な場所
  Whale Watching Locations in the World
- 212 ●日本でホエール・ウォッチングができる主な場所
  Whale Watching Locations in Japan
- 213 ●ホエール・ウォッチングに準備したいもの　Whale Watching Items
- 214 ●クジラ・イルカの声を聞く　Listening Whale Voices
- 216 ●危機に瀕したクジラ・イルカ　Whales and Dolphins in Peril
- 218 ●個体を識別する　Individual Identification
- 220 ●クジラをとりまく危機　Hidden Dangers
- 221 ●種名、英名、学名一覧　Species List

- 223 ●参考文献　References

クジラと出会う海
Where we meet whales

クジラと出会える海は少なくない。
そのなかで、とくに密度の高い遭遇が期待できる海を紹介する。

アラスカ
Alaska, USA

カナダ チャーチル
Churchill, Canada

カリフォルニア沿岸
California Coast, USA

メキシコ サンイグナシオ湾
San Ignacio Lagoon, Mexico

小笠原諸島
Ogasawara Islands, Japan

アルゼンチン バルデス半島
Valdes Peninsula, Argentina

南極半島
Antactic Peninsula

アラスカ
Alaska, USA

かつて氷河に削られた海岸線は
複雑にいりくみ、海は奥深いフィヨルドや、
島じまを散在させる沿岸水路になってつづいていく。
豊かな沿岸水路は、多くのクジラが集まる
巨鯨の海でもある。

島に茂る深い針葉樹の森を背景に、シャチのポッド(p.170)があげる噴気が、朝の光をうけて白く輝く。

仲間同士の遊びのなかで、若い雄のシャチが海面に体を躍らせた。

アラスカ
Alaska, USA

浮上するシャチが、海面下から息を吐きだしはじめる。

▶シャチの子どもが、
何度も尾びれで海面をたたいた。
水音を、仲間同士の合図として使う場合もある。

アラスカからカナダ太平洋岸にかけて、
サケなど豊かな魚類だけを食べてくらす
個体群（レジデント）と、
アザラシやイルカなど哺乳類だけを襲う
個体群（トランジエント）が生息する。
（写真はレジデントのシャチ）

海面を駆けぬけるシャチ。このシャチはまだ2歳。
幼いシャチでは、下顎やアイパッチ(目の後ろの白い模様)が、
いくぶん褐色がかって見える。

島の沿岸をいく船のへさきに乗って泳ぐイシイルカ (p.206)。

アラスカ
Alaska, USA

2頭のイシイルカがもつれながら泳ぐ。
体側の白い模様、三角形の背びれの先の白が、
このイルカのきわだつ特徴になる。

何頭ものザトウクジラが、いっしょに泳ぐ光景に出会った。
アラスカの海で、彼らは複数頭が協力しあってニシンの群れを追うことがある (p.153)。

空から見たザトウクジラ (p.144)。
このクジラの特徴である長い胸びれは、
白い個体もいれば、黒い個体もいる。

海面を突きやぶって、
体重30tもの巨体を宙に躍らせるザトウクジラ。
体についた海水が、
太陽をうけて銀色に輝きながら弾け散る。

口を開いたまま海面から
姿を見せたザトウクジラ。
上顎から重なりあって垂れ下がる
ヒゲ板の内側はブラシ状になっており、
海水とともに口のなかにとらえられた
ニシンやオキアミをこしとる
フィルターとして働く。

アラスカ
Alaska, USA

口のなかに、
ニシンの群れを海水ごととりこみ、
喉が大きくふくれあがったザトウクジラ。
わずかに開いた両顎のすきまを、
ヒゲ板がおおう。

群れで協力しあってニシンの群れをとらえるザトウクジラ。
何頭もの巨体が大きく口を開いたまま、
海面を突きやぶる。

深く潜ろうとするザトウクジラが、海面に尾びれをあげた。
流れ落ちる海水が、黄昏どきの光をうけて黄金に輝く。

カナダ　チャーチル
Churchill, Canada

Canada　Churchill

北極海につながるハドソン湾は、
ベルーガ（シロイルカ）の生息域として知られる。
とくにハドソン湾に流れこむ
チャーチル川の河口には、
初夏、2000頭をこえるベルーガが集まる。

何分か海中を泳いだベルーガ（p.166）の群れが、動きをそろえて浮上しはじめる。

ハドソン湾にすむベルーガのおもな獲物はシシャモ。
シシャモの群れに集まるベルーガの頭上を、おこぼれを狙ってカモメが舞い飛ぶ。

チャーチル川の濁った水のなか、シシャモの群れの間を泳ぐベルーガの白い体が、緑色に染まって見える。

海中にはベルーガたちが発する、ピュウピュウという澄んだ声や、ギリギリと濁った声が賑やかに響く。

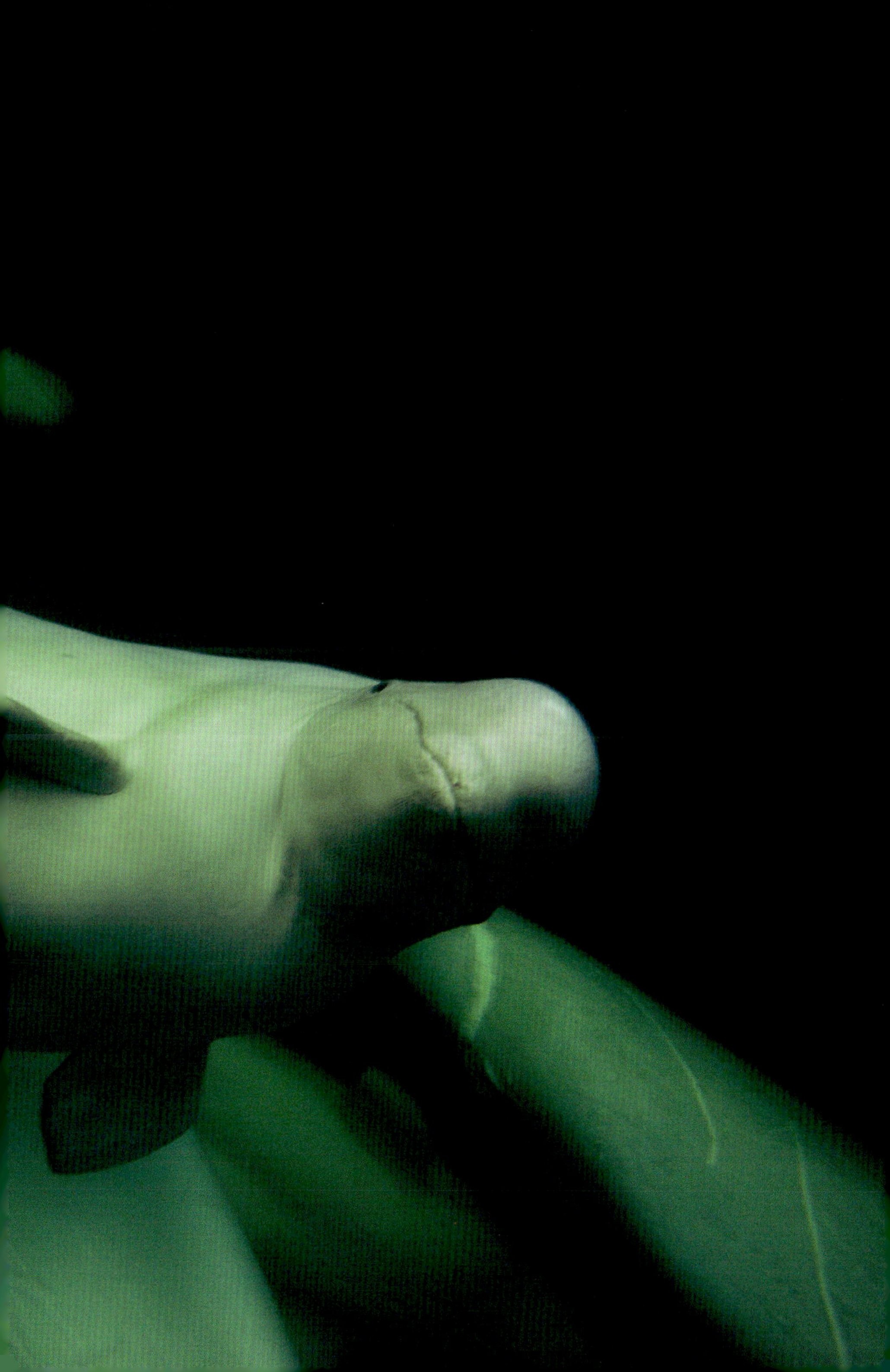

カナダ チャーチル
Churchill, Canada

ベルーガは多くの鯨類と異なり、
頸椎が癒合していないために、
首をさまざまな向きに自由にむけることができる。

カメラをのぞきこむベルーガ。体が完全に白くないのは、まだ若い個体だ。

海面下からボート上の人間を見上げながら、舟べりを泳ぐベルーガ。
彼らが海中で発する声が、海面からこぼれて聞こえる。

カリフォルニア沿岸
California Coast, USA

USA
California Coast

北から流れる豊かなカリフォルニア海流と、
大陸にむかって深みから湧きあがる湧昇流が、
沿岸にプランクトンを湧きたたせ、
多くのクジラやイルカを含む
さまざまな海洋動物が集まる海になる。

凪いだ海面を泳ぐマイルカ（p.180）の群れ

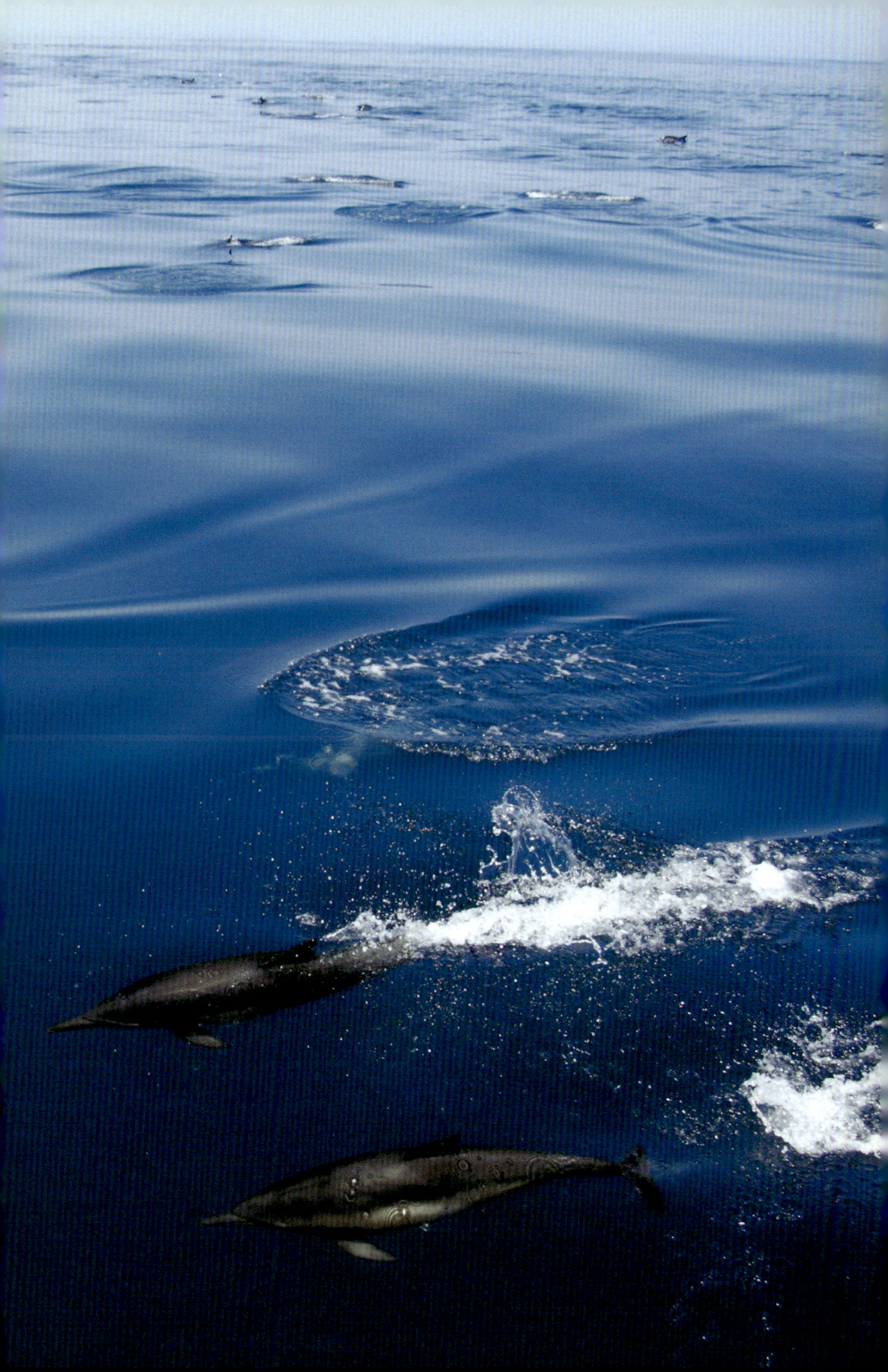

イワシなど小魚の群れにむけて跳ね泳ぐマイルカ。
彼らが海面近くで採餌をはじめると、おこぼれを狙ったカモメたちがあたりを舞いはじめる。

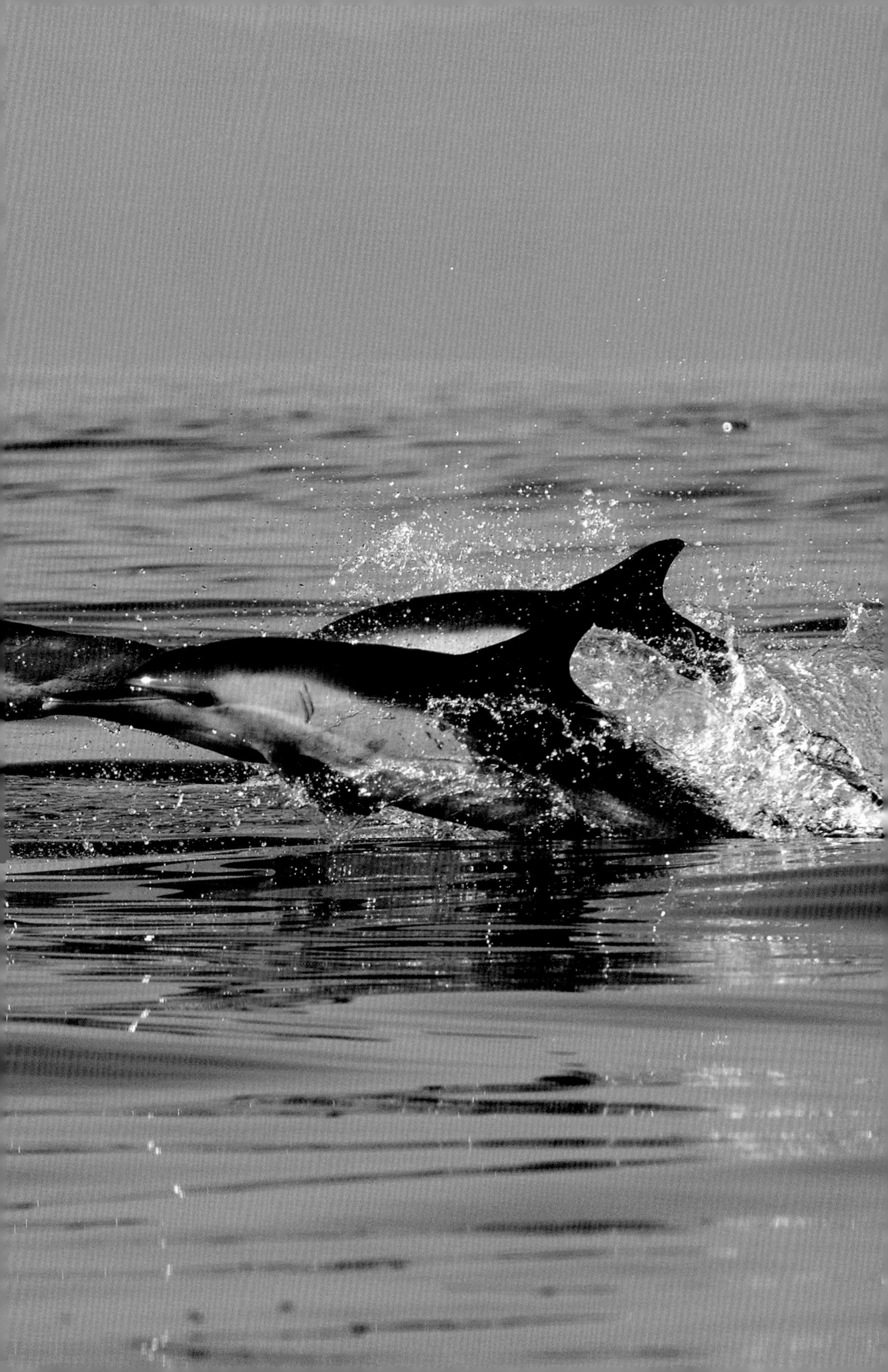

シロナガスクジラ（p.134）の噴気は、1本の高い柱になって、10mほどの高さにまでたちのぼる。

湧昇流の多いカリフォルニア沿岸は、一部のシロナガスクジラの夏の採餌場にもなる。

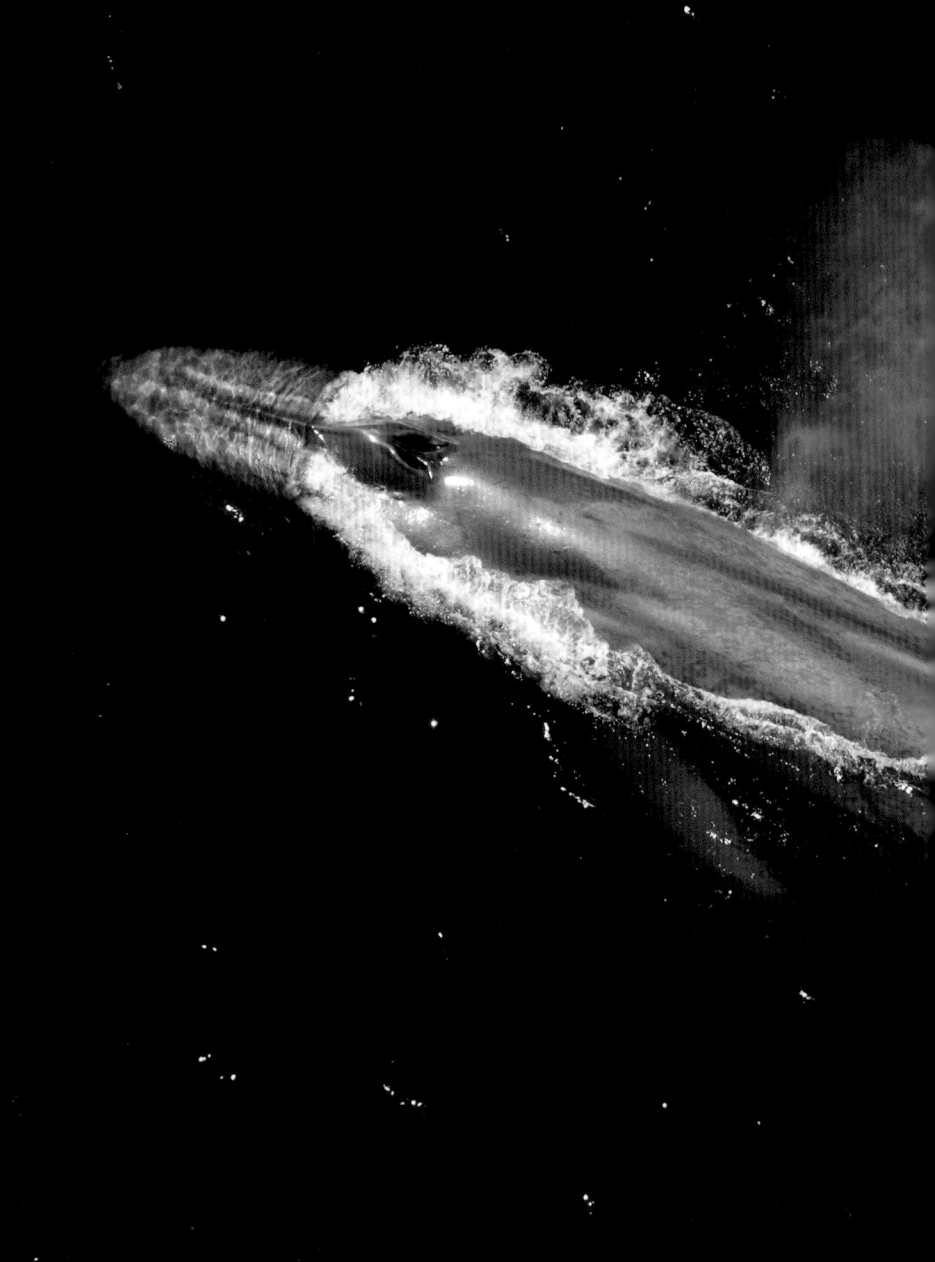

最大で160tに達する巨大は、この惑星の上に誕生した最大の動物である。

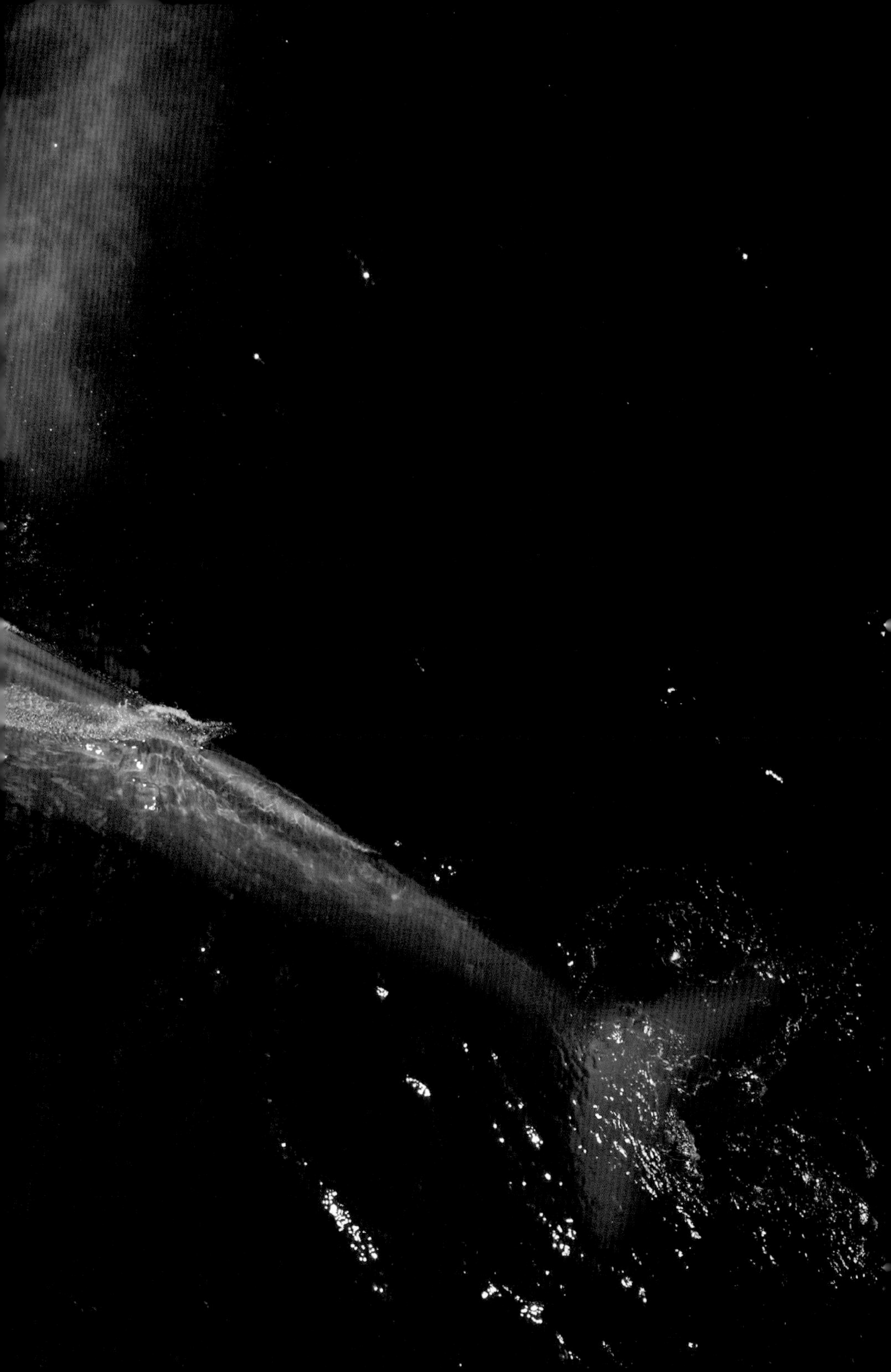

海面で体を横だおしにして、大きく口を開いたまま前に突きすすむと、
オキアミの群れが海水とともに口のなかに流れこむ (p.152)。
あたりの海面は、漂うオキアミの群れで赤く染まって見えることがある。

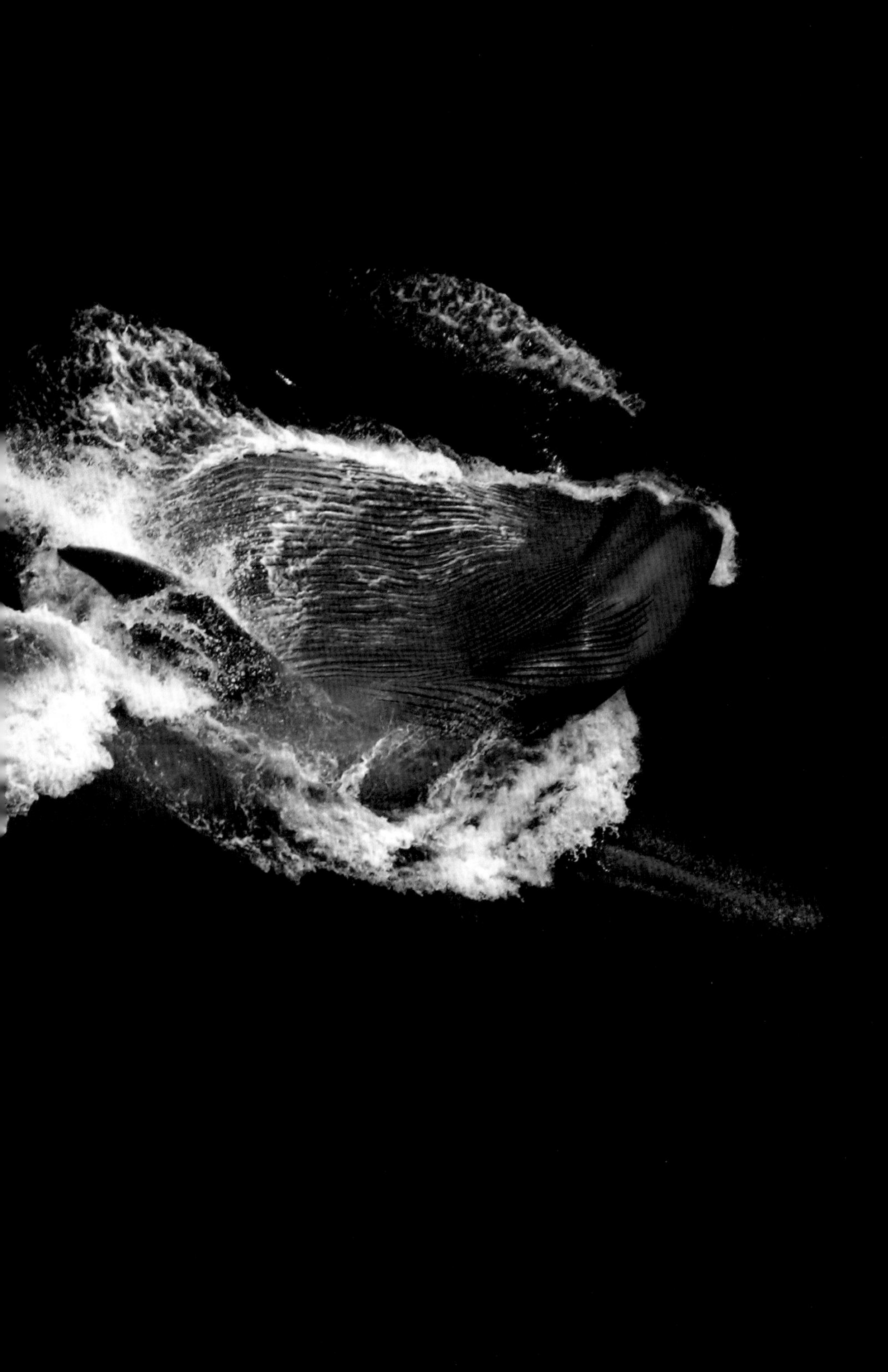

大量のオキアミを含んだ海水をたっぷりととりこんで、
下顎から喉が大きくふくれあがったシロナガスクジラ。小さな胸びれが見える。

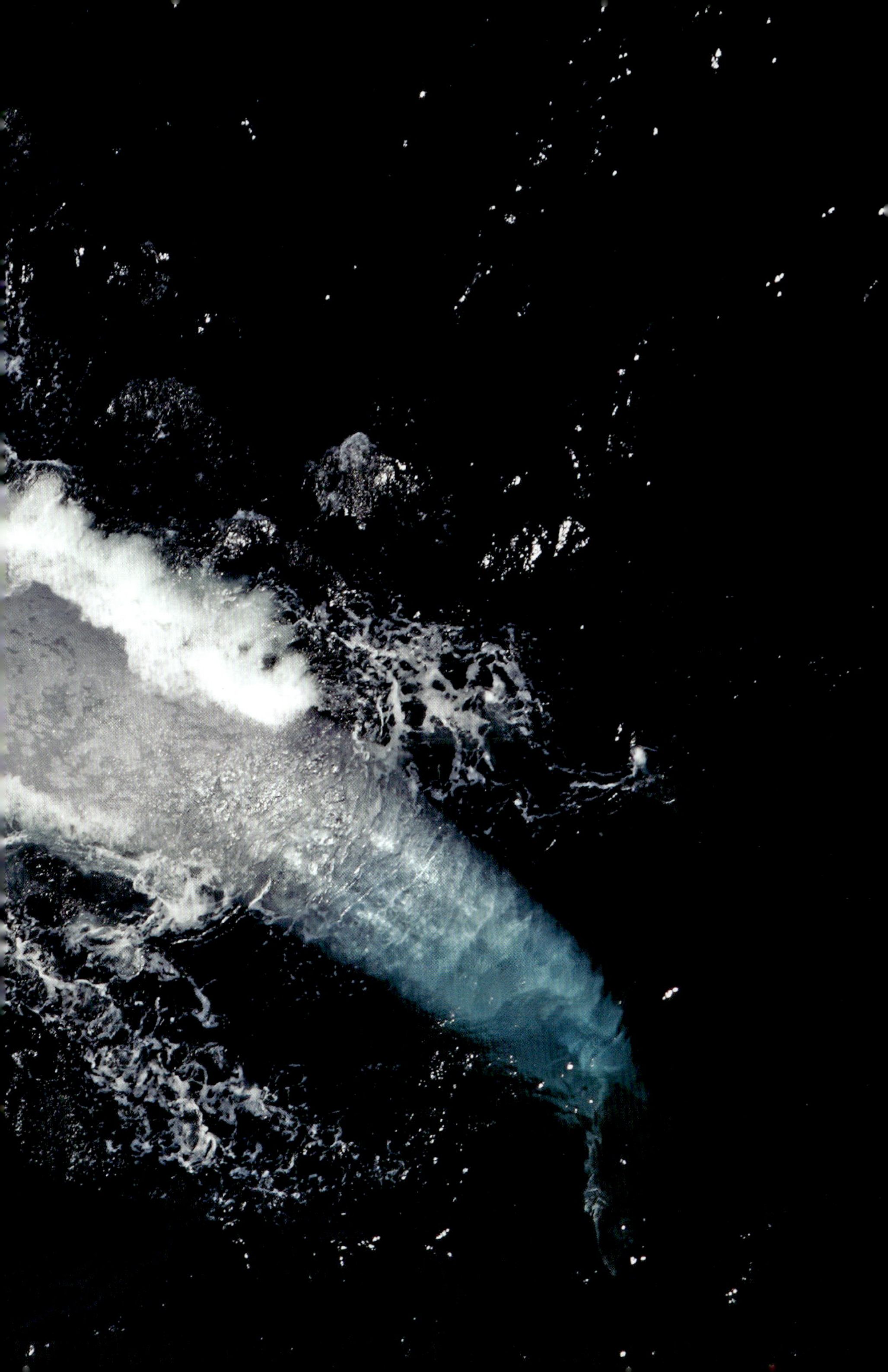

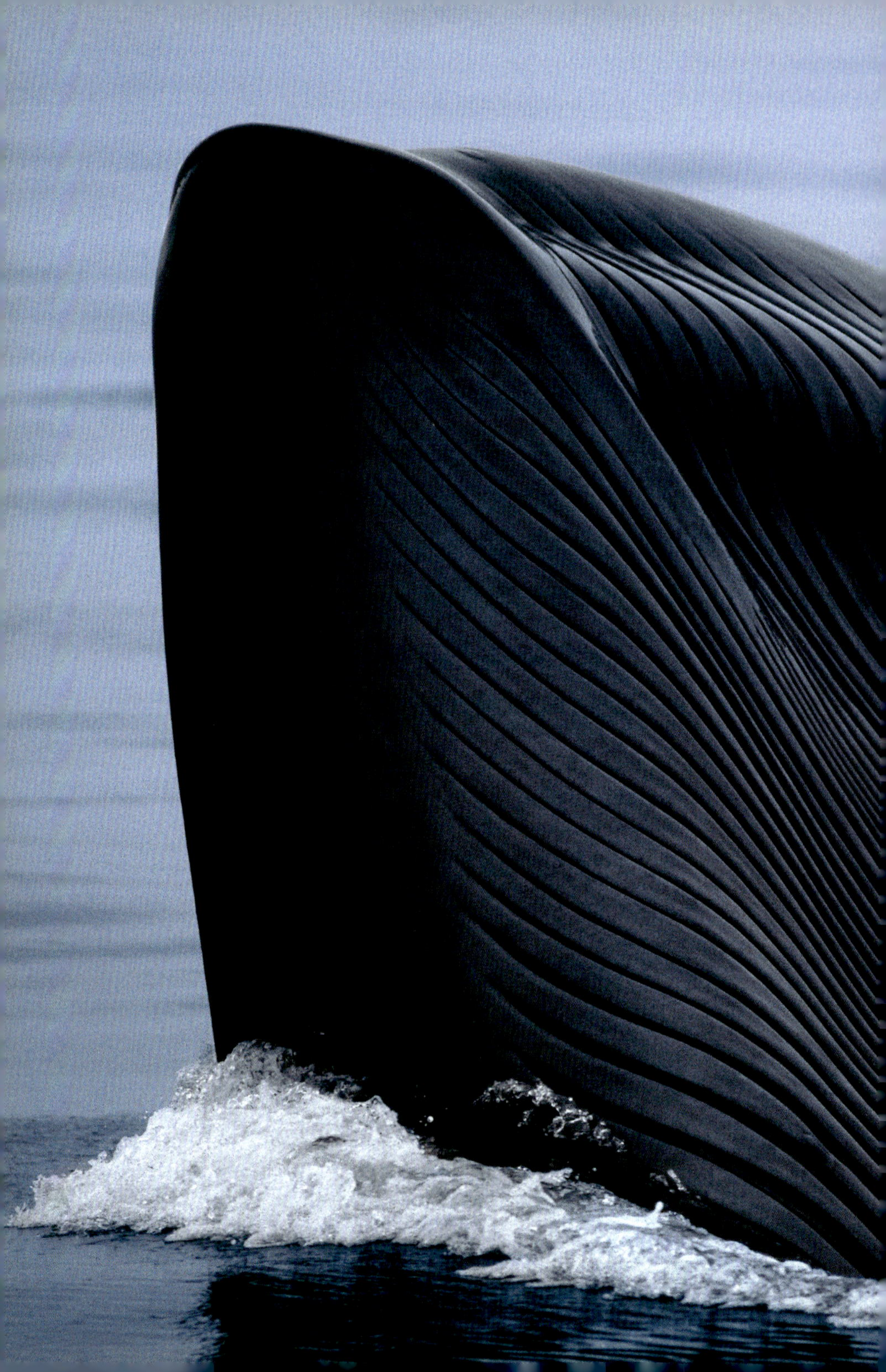

シロナガスクジラの
下顎から喉にかけて走る溝と畝。
これが蛇腹となって、
採餌の際には大きくふくらんで、
一度に大量のオキアミの群れを海水ごと
口のなかにとりこむことができる。

大きく喉をふくらませたシロナガスクジラ。
海は、無数に漂うオキアミの群れで、濃いスープのように濁っている。

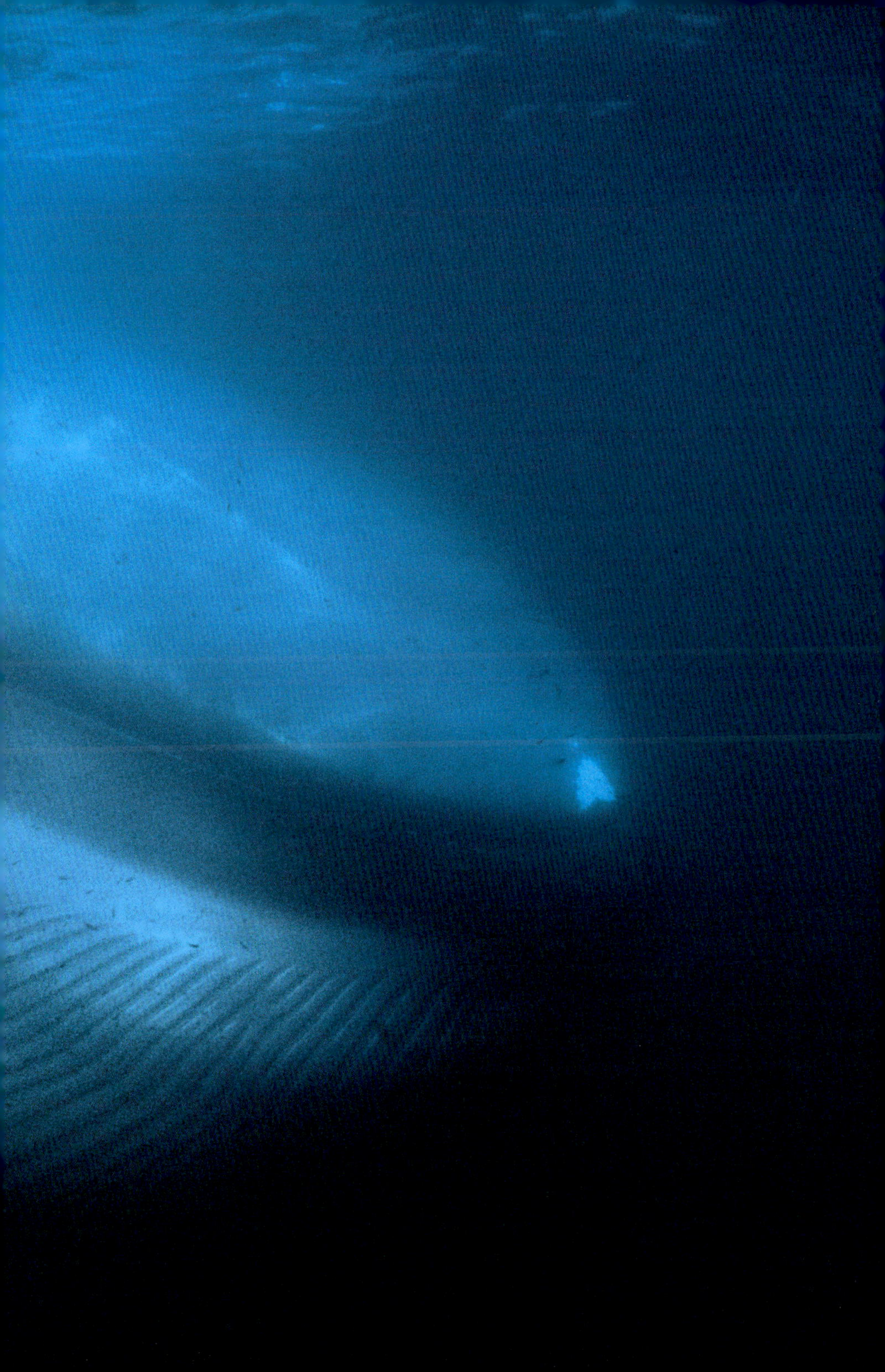

巨体の下で、喉が風船のように大きくふくらんでいるのが見える。

シロナガスクジラが海面で採餌を行うとき、体の右側を下にして横だおしの姿勢をとることが多い。

両顎の間から、口のなかの海水を押しだすシロナガスクジラ。海水は、上顎から重なりあって生えるヒゲ板の間から押しだされるが、オキアミはヒゲ板にひっかかって口のなかに残る。

カリフォルニア沿岸
California Coast, USA

潜りゆくシロナガスクジラの尾びれから流れ落ちる海水が、南カリフォルニアの太陽をうけて銀色に輝く。

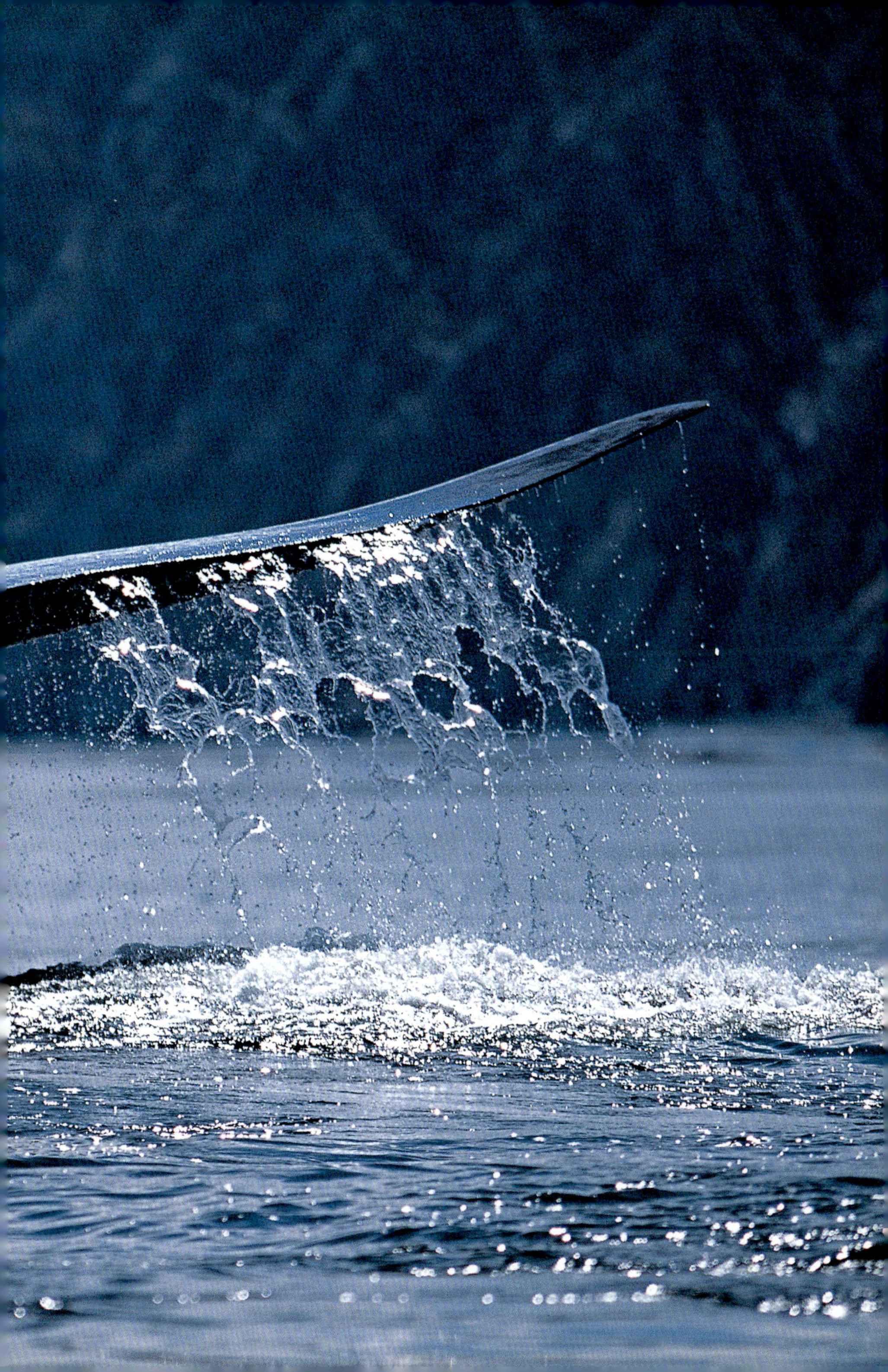

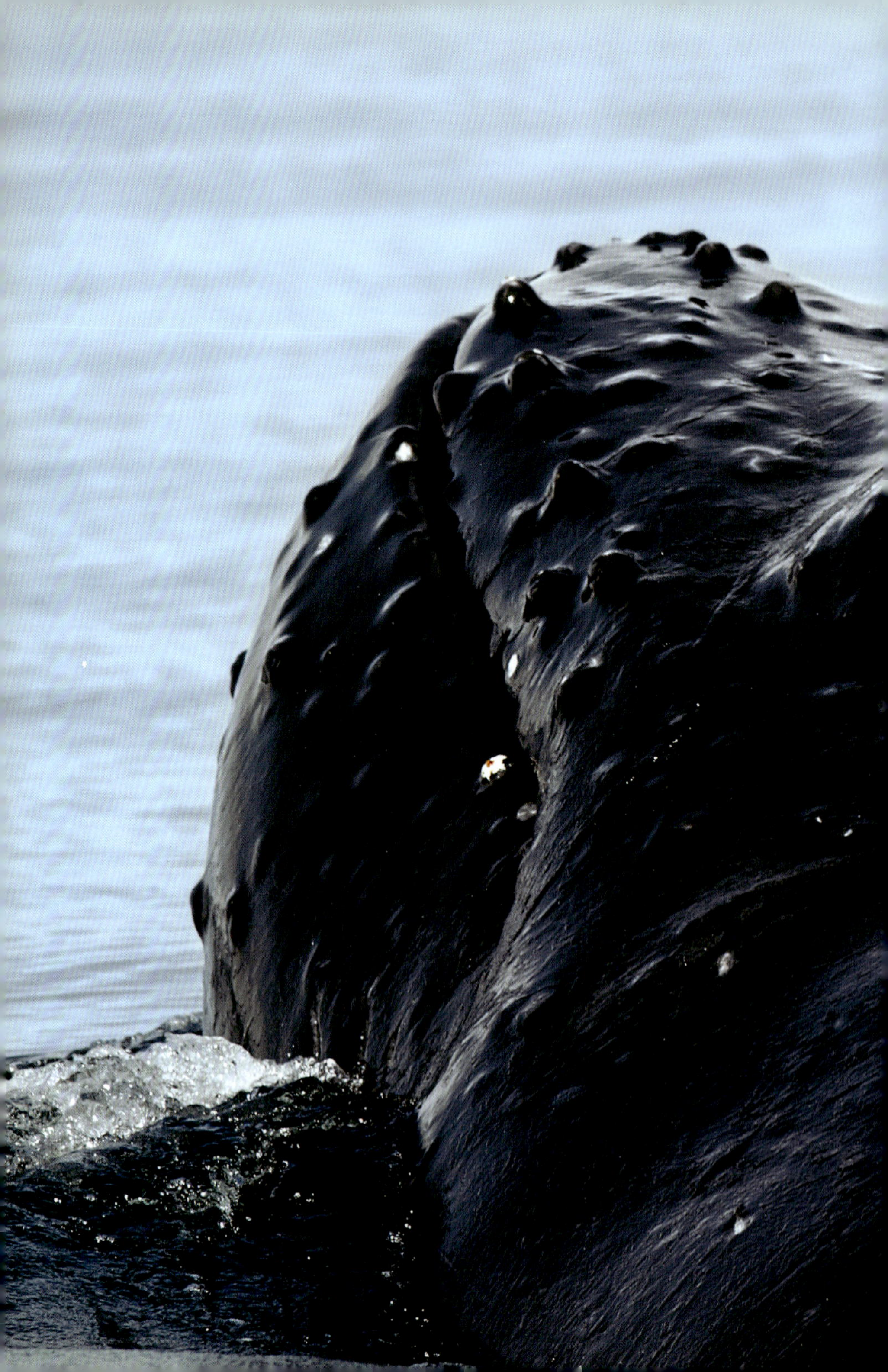

一部のザトウクジラ（p.144）もまた、
カリフォルニア沿岸を夏の採餌域としてすごす。
上下の顎に散在するこぶ状のもりあがりは、
ザトウクジラの特徴になる。

体を横だおしにして、
長い胸びれを海面に突きだすザトウクジラ。

海面で逆立ちの格好で、尾びれをもちあげる。
胸びれや尾びれで海面をたたく水音を、仲間への合図に使う場合もある (p.173)

メキシコ
サンイグナシオ湾
San Ignacio Lagoon, Mexico

夏、極北のベーリング海やチュコート海で
たっぷりと餌をとってすごしたコククジラは、
秋、北米大陸の太平洋岸にそって
南への回遊を開始する。
目的は、サンイグナシオ湾など、
カリフォルニア半島に散在するいくつかの入り江。
彼らは冬から春先にかけて、
この入り江で子どもを産み、育てる。

1月、多くのコククジラ（p.148）がサンイグナシオ湾に集まりはじめる。

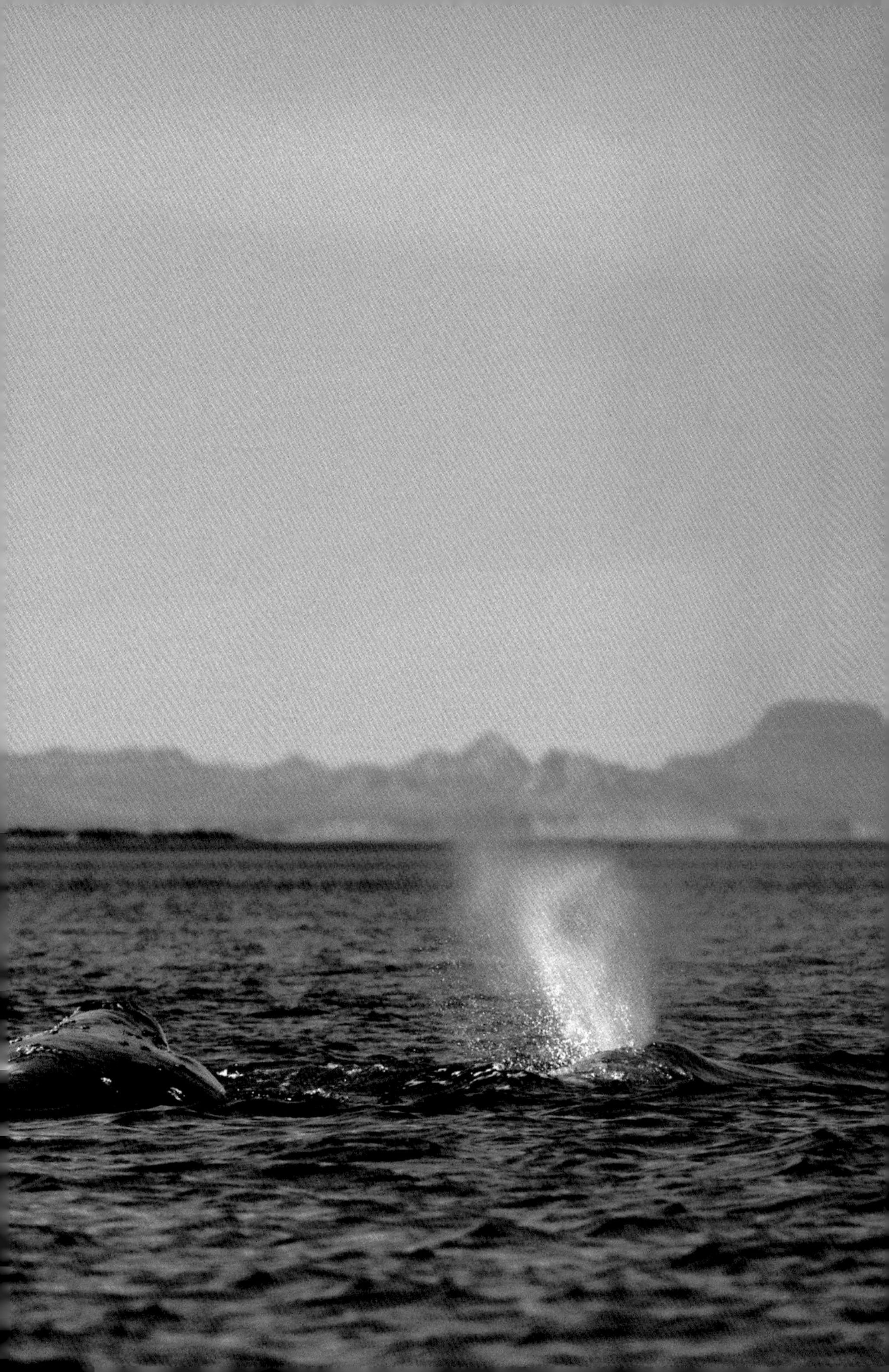

1〜2月になっても、まだカリフォルニア沿岸を南に回遊途上のコククジラは少なくない。

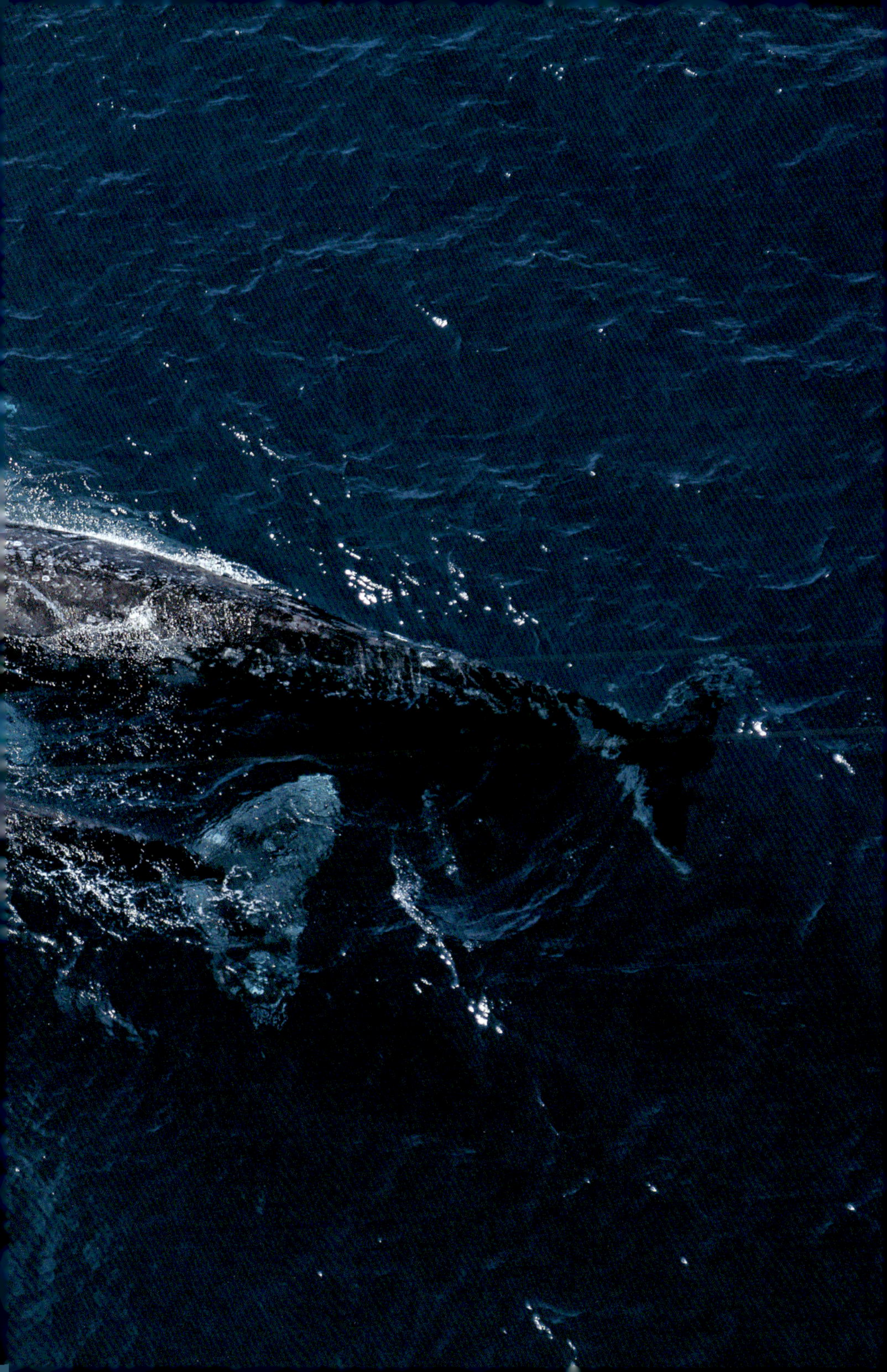

「スパイホップ」(p.140)と呼ばれ、海面から顔をあげて周囲のようすを見るコククジラ。
観察者を乗せたボートが近づいたときにも見せることがある。

正面から見たコククジラ。
体の左側（写真向かって右）に
フジツボが多数付着しているのに対して、
体の右側にはフジツボがついていないのは、
彼らが海底で餌をとるとき、
体を右下にたおして
海底にこすりつけることを
示している（p.152）。
頭部にわずかに残る
体毛も見ることができる。

● **メキシコ　サンイグナシオ湾**
San Ignacio Lagoon, Mexico

コククジラの体表に付着する
ハイザラフジツボと、
その間にびっしりと付着する
クジラジラミ（ヨコエビの仲間）。

この湾で生まれた幼い子どもを連れて泳ぐコククジラ。
子クジラの体には、まだフジツボなどが付着していない。

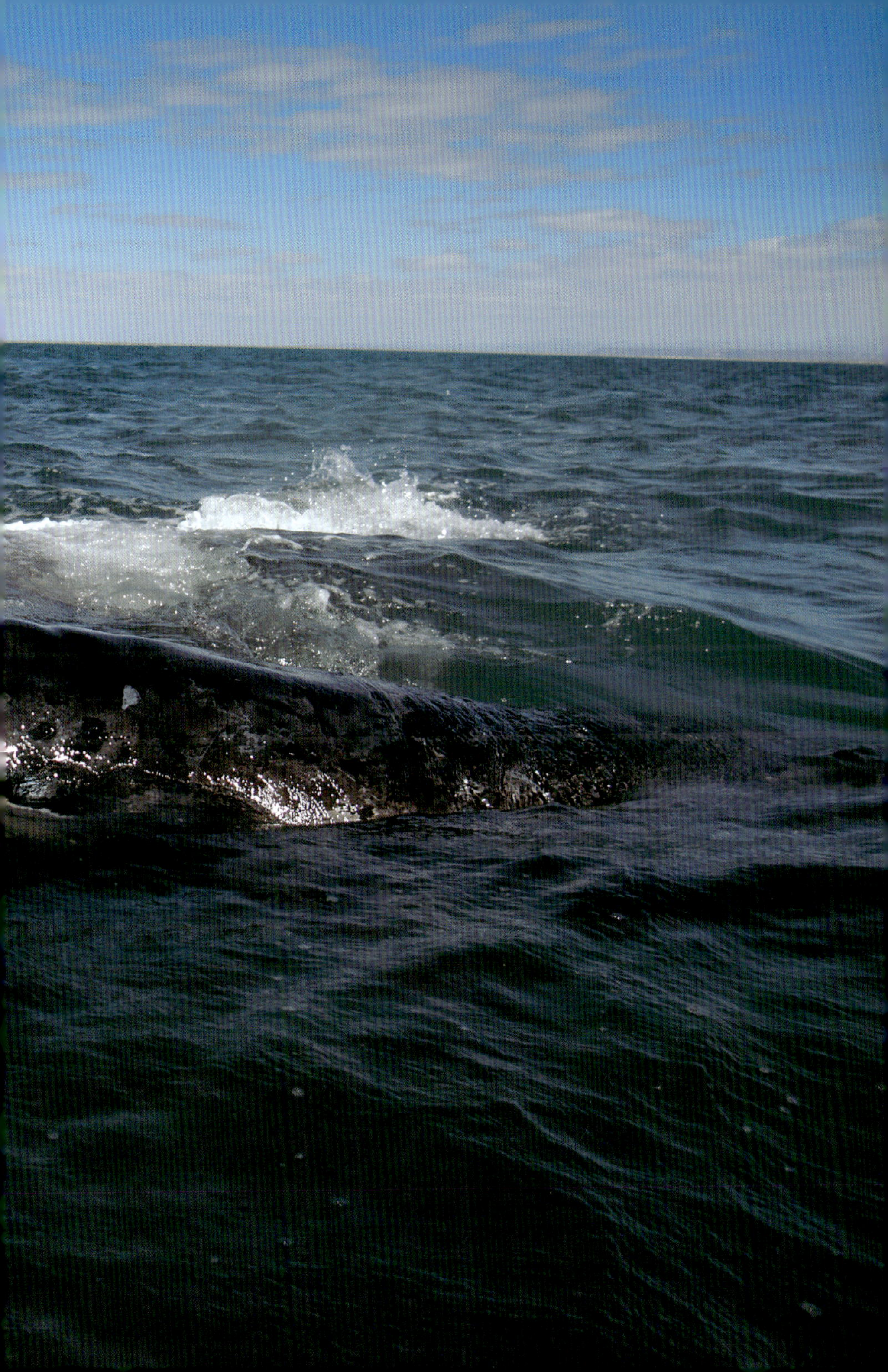

サンイグナシオ湾では、
何十年も前から、観察者を乗せたボートに
コククジラが体を寄せ、
ボートを押したり、人に体をなでてもらって
戯れる行動を見せるようになった。

ボートに体を寄せたコククジラが口をあけると、上顎から重なりあって生えるヒゲ板が見える。

ボートに接近しようとする親子のコククジラ。子クジラが海面から顔をあげてボートの上の観察者を眺める。

ボートに接近するコククジラ。海中は速い潮の流れがまきあげる砂で、緑色に濁っている。
ボートの上の観察者がのばす手が、画面右上に写っている。

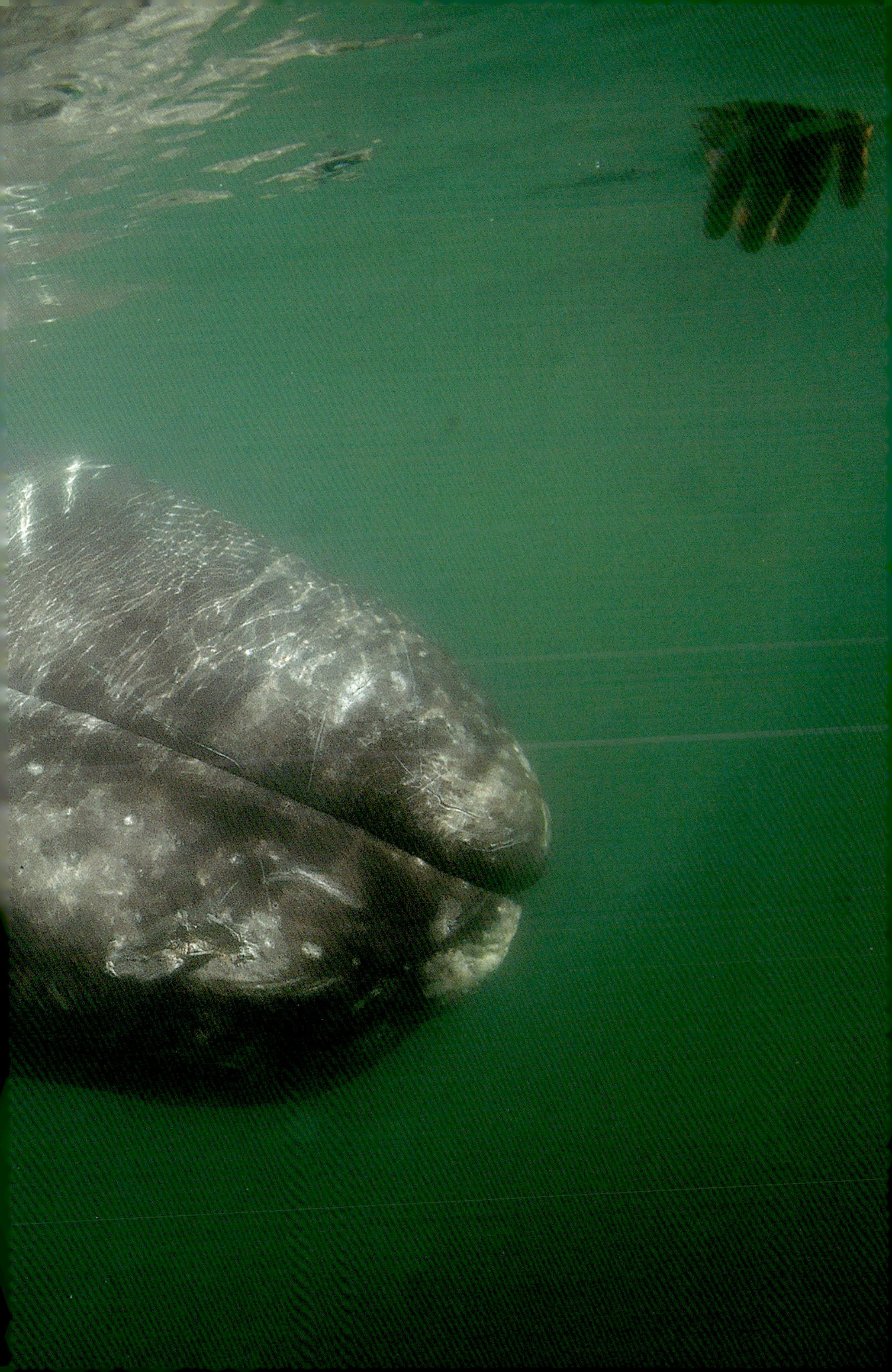

サンイグナシオ湾など
コククジラにとって繁殖のための入り江は、
雌雄が交わる場所である。
1頭の雌を追う複数の雄が、体をぶつけあい、
激しく水しぶきをあげる。

交尾のあいまに、波間に見えた雄の生殖器。
ふだんは泳ぐときの水の抵抗をさけて、
体のなかにおさめられている。

メキシコ　サンイグナシオ湾
San Ignacio Lagoon, Mexico

雌をめぐって争う雄が、
ライバルの体の上に
乗りあげる。

小笠原諸島
Ogasawara Islands, Japan

火山性の、大洋の只中に浮かぶ海洋島のまわりには、
マッコウクジラなど
外洋性の鯨類が頻繁に姿を見せる。
また小笠原諸島の周辺は、冬から春先にかけて、
北太平洋を回遊する
ザトウクジラの繁殖海域にもなる。

Japan

Ogasawara Islands

島の入江で、そろって海面にジャンプするハシナガイルカ (p.182)。

体の軸を中心にスピンする、
特徴的なジャンプを見せるハシナガイルカ。英語では Spinner Dolphin と呼ばれる

ハシナガイルカは日中は島陰や穏やかな入り江で、休息をしたり、仲間と戯れたりしてすごす。

海では、夜には日中にくらべて、プランクトンや小魚の群れが浅い場所に移動することが多い。ハシナガイルカはこうした獲物を狙って、夜間に沖合で採餌を行う。

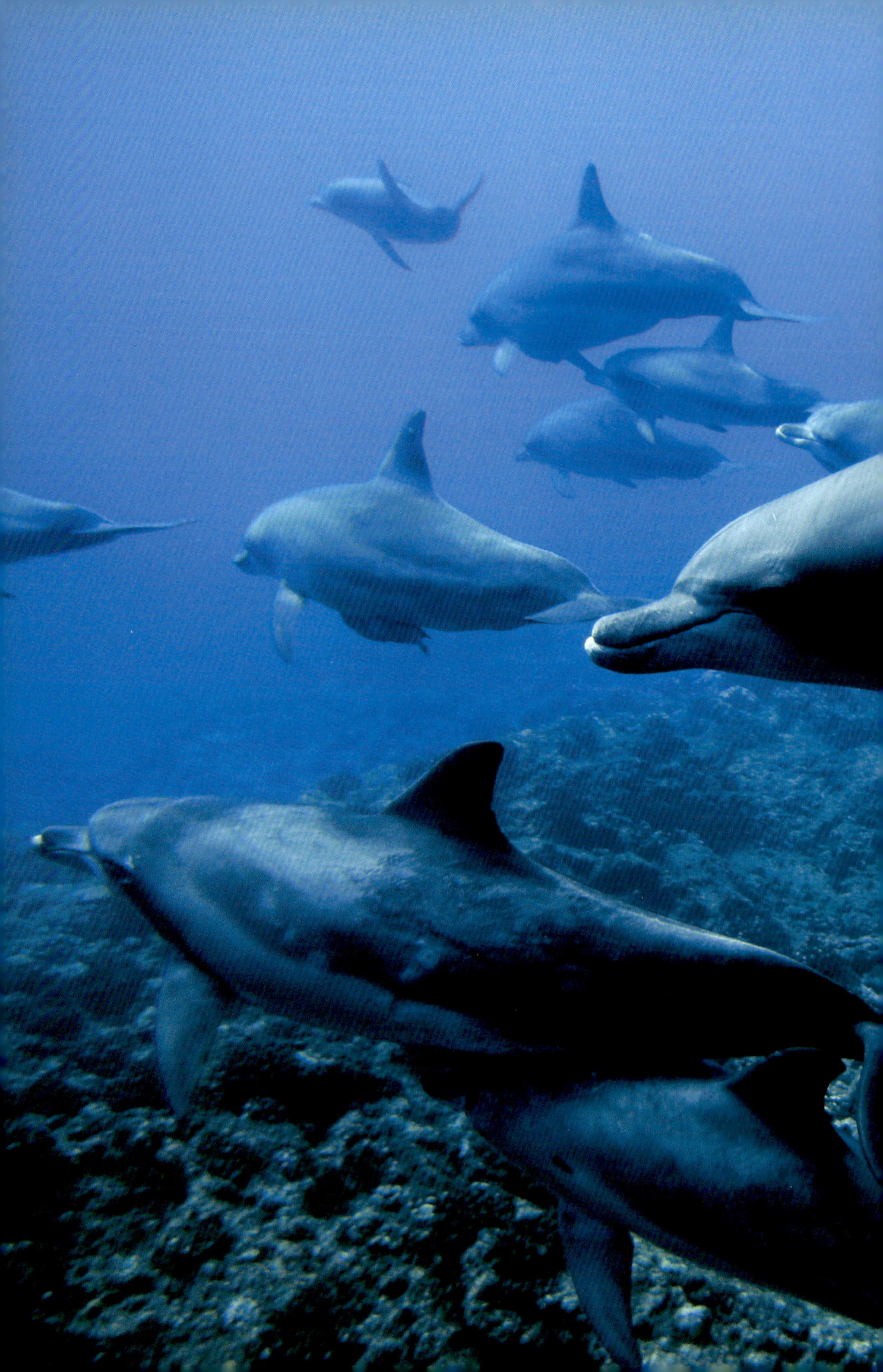

小笠原諸島の沿岸で頻繁に観察されるミナミハンドウイルカ（p.178）。
水族館でよく飼育されるハンドウイルカにくらべて、ひとまわり小さく、
成長すると腹部に黒斑が現れる。

ミナミハンドウイルカは、
大きな群れをつくったり、
小さな群れにわかれてすごす
「離合集散」型の社会をつくっている。

体にコバンザメをつけたミナミハンドウイルカ。

体の古い皮膚や寄生虫を落とすためだろう。ときおり海底の砂に体の各部をこすりつけながら泳ぐ。

小笠原諸島をとりまく海は、
北太平洋を回遊する一部のザトウクジラ(p.144)が、繁殖と子育てを行う海でもある。
冬から初春にかけて、子連れのクジラが頻繁に観察される。

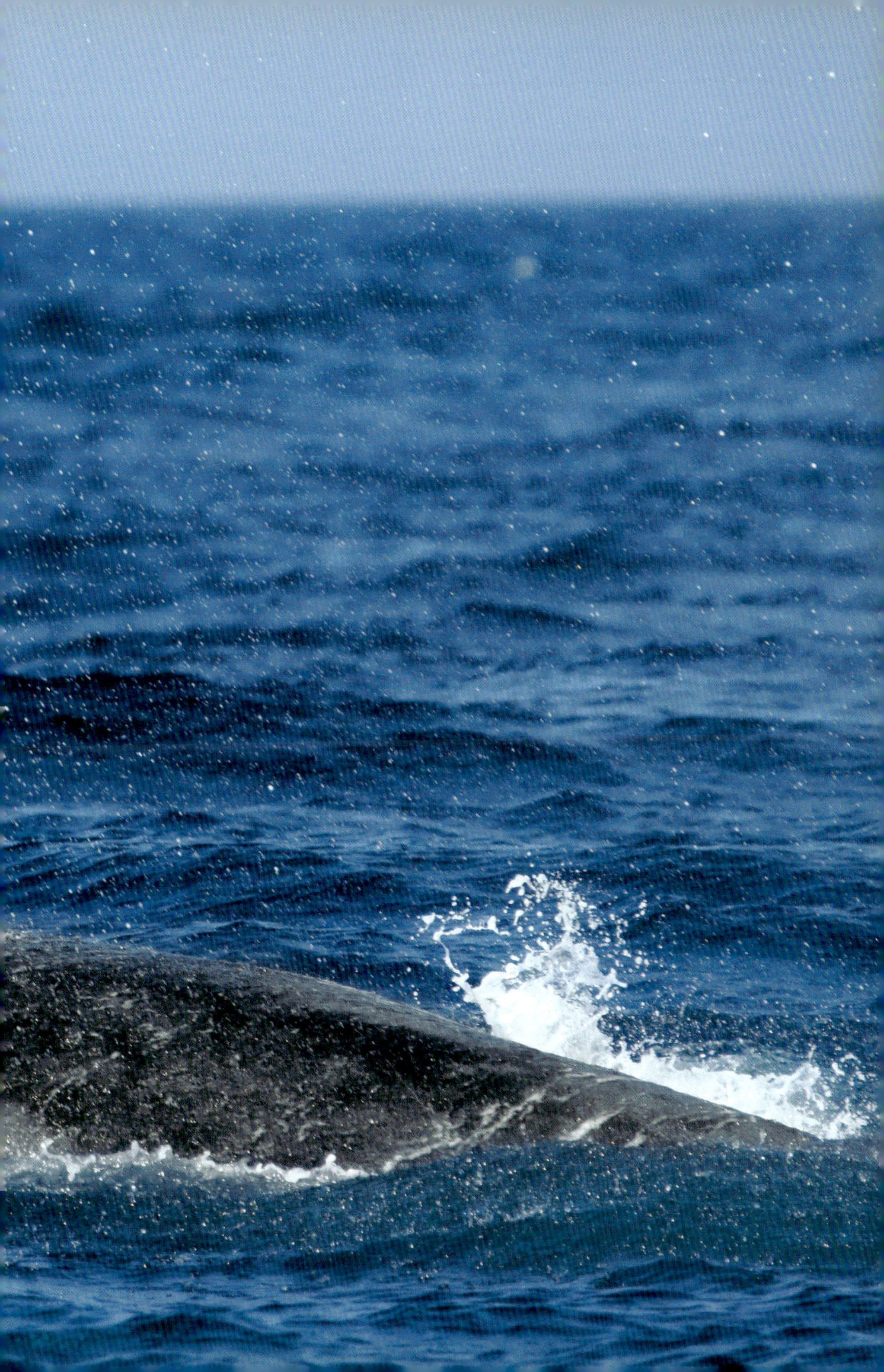

親子のザトウクジラのむこうに、もう1頭の姿が見える。
親子につきしたがうクジラは「エスコート」と呼ばれるが、
じっさいには母クジラとの交尾の機会をねらう雄クジラと思われる。

長い胸びれに子クジラを乗せるように泳ぐザトウクジラの母親。

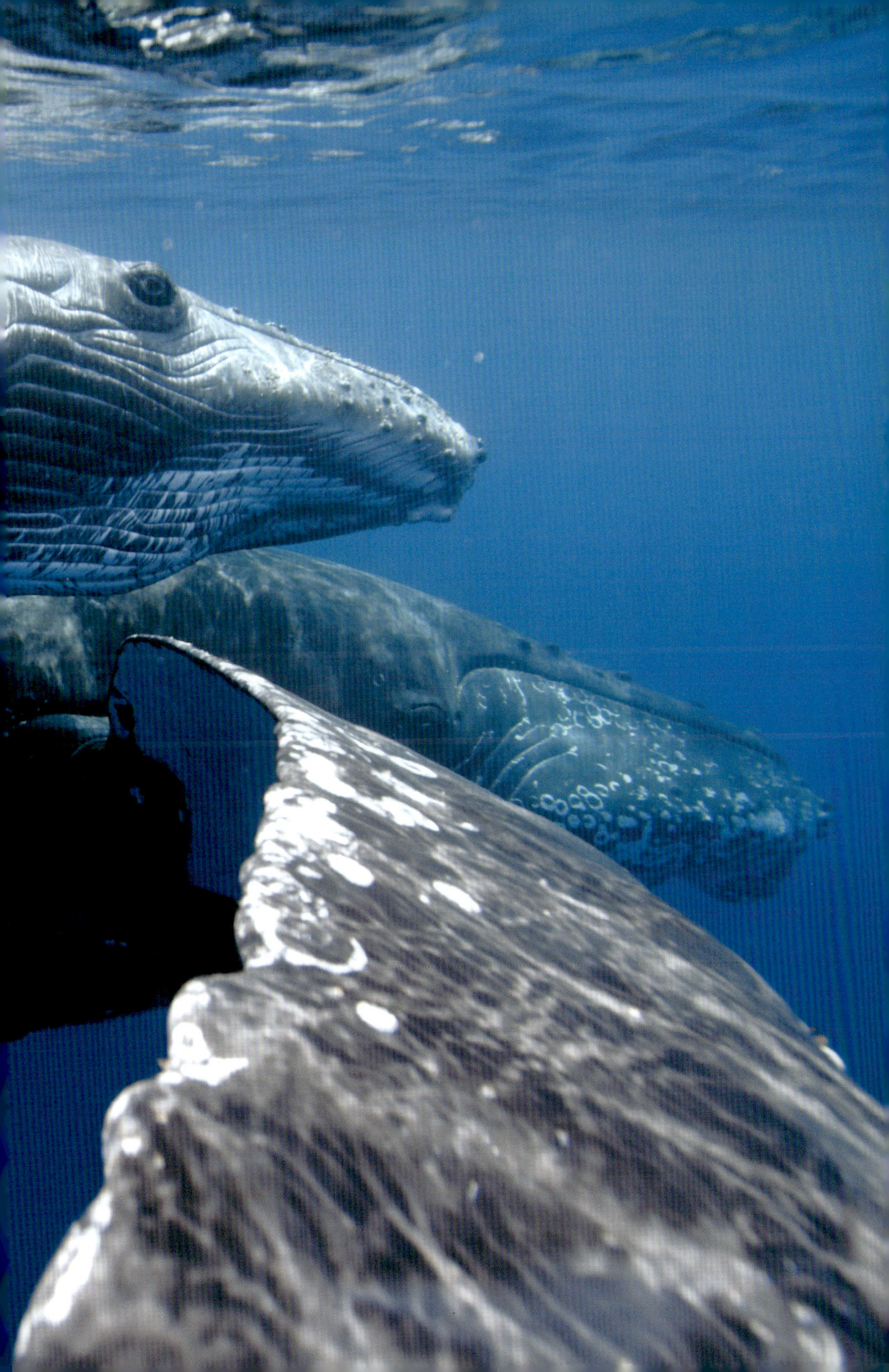

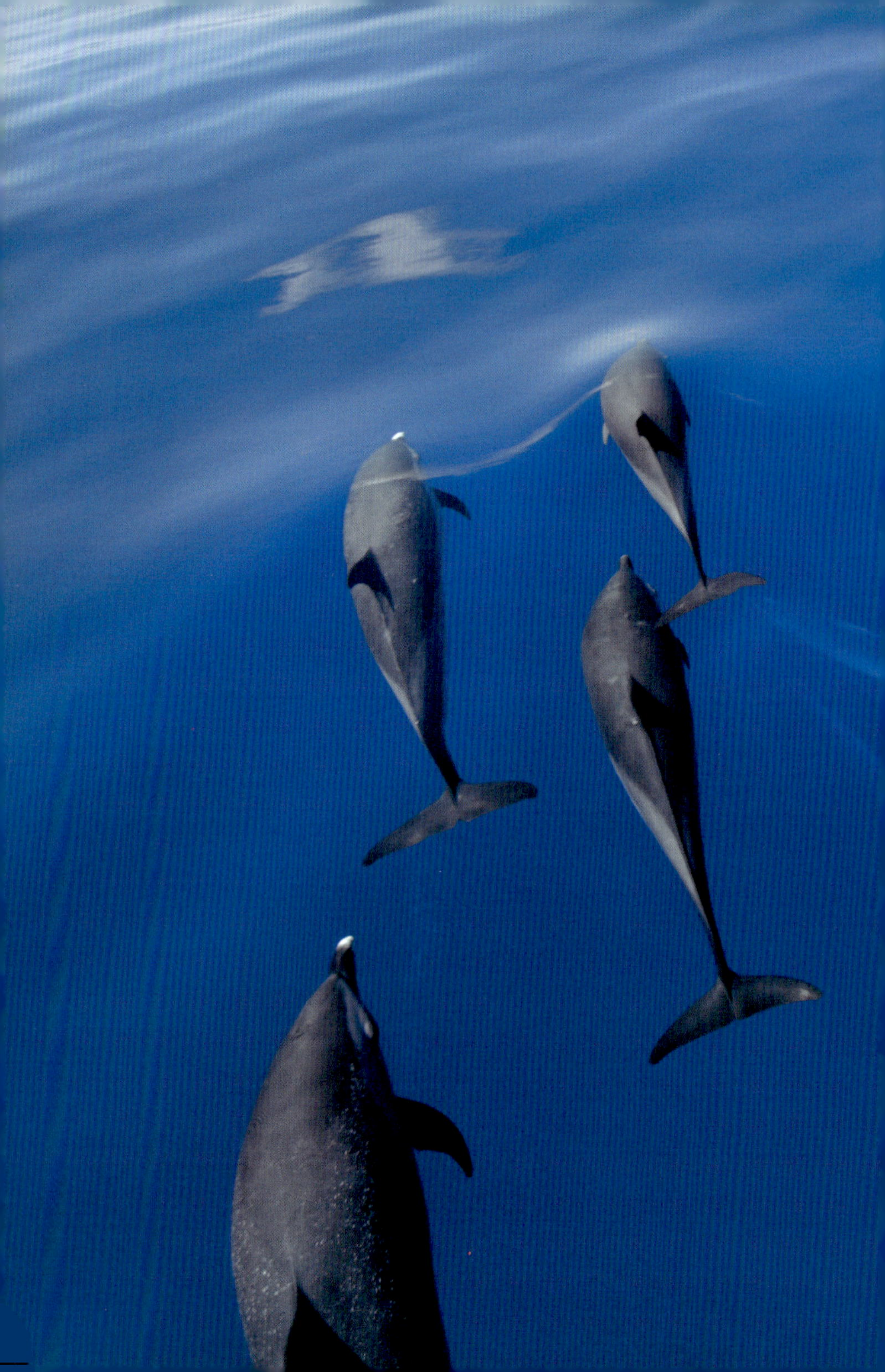

沖合に出ると、さまざまな外洋性の鯨類に出会う。凪いだ海面を泳ぐマダライルカの群れ（p.184）。

水深1000mをこえる海域には、マッコウクジラ（p.156）が多く生息する。
餌をもとめて深海まで長く潜るマッコウクジラは、浮上すると長く海面にとどまって呼吸をくりかえす。

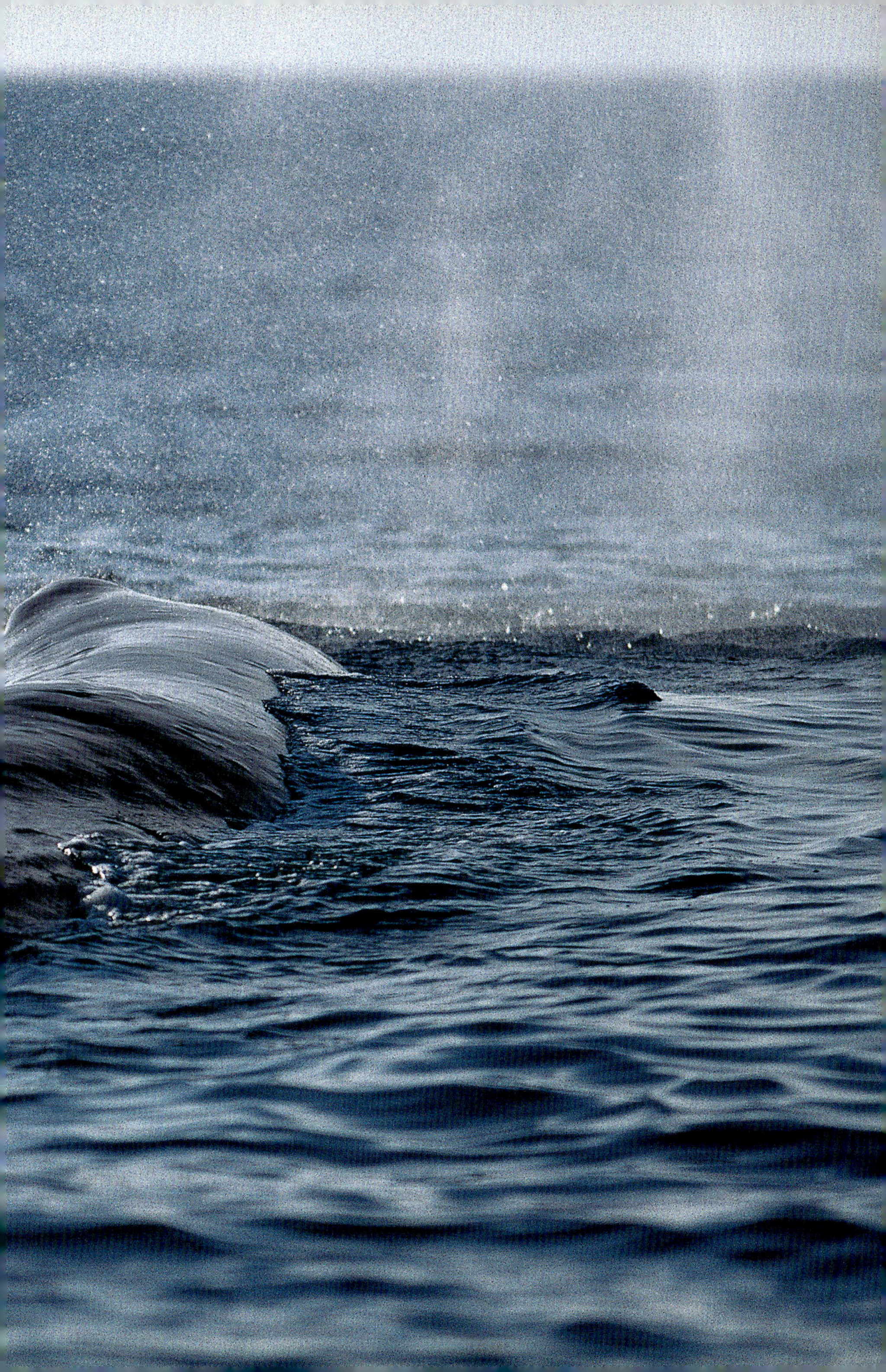

大きな頭部をもつマッコウクジラ。そのなかに含まれる「脳油」は、エコロケーションのためのクリックス（p.215）を、前方にむけて効果的に発するためのものだ。

海面で体を横にしてくつろぐマッコウクジラの子ども。コバンザメを体につけている。

海中の撮影者のようすを探る
マッコウクジラ。
カチ、カチという音を
強く発している。

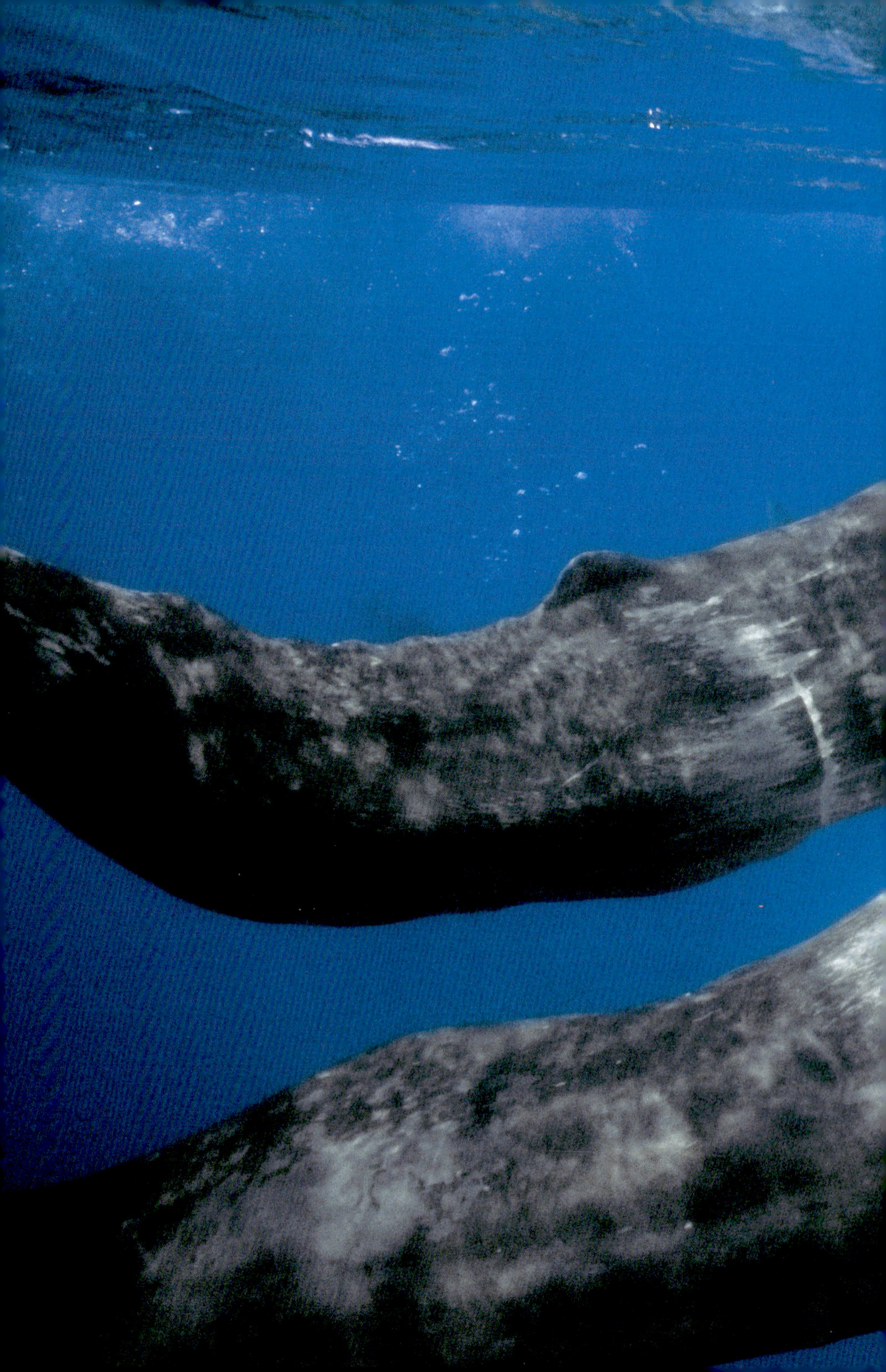

マッコウクジラでは、血縁関係のある雌同士が
結びつきの強い群れをつくってすごす。
群れの仲間は、長い時間体を寄せあって戯れる。

＊小笠原海域でのザトウクジラ、マッコウクジラの水中撮影は、
小笠原ホエールウォッチング協会による、生態調査や
記録を目的とした特例許可のもとに行われたものである。

アルゼンチン
バルデス半島
Valdes Peninsula, Argentina

南半球の冬から春にかけて、
南米パタゴニアの大地から大西洋に
小さくキノコのように突きだした
バルデス半島の周辺に、
巨大なミナミセミクジラが繁殖と
子育てのために集まってくる。

バルデス半島の南側ヌエボ湾を泳ぐミナミセミクジラ (p.151)。巨大な背に背びれをもたない

体重80tもの巨体を、宙に躍らせる。
ミナミセミクジラは、「ブリーチ」(p.141)と呼ばれるこの行動を頻繁に見せるクジラでもある。

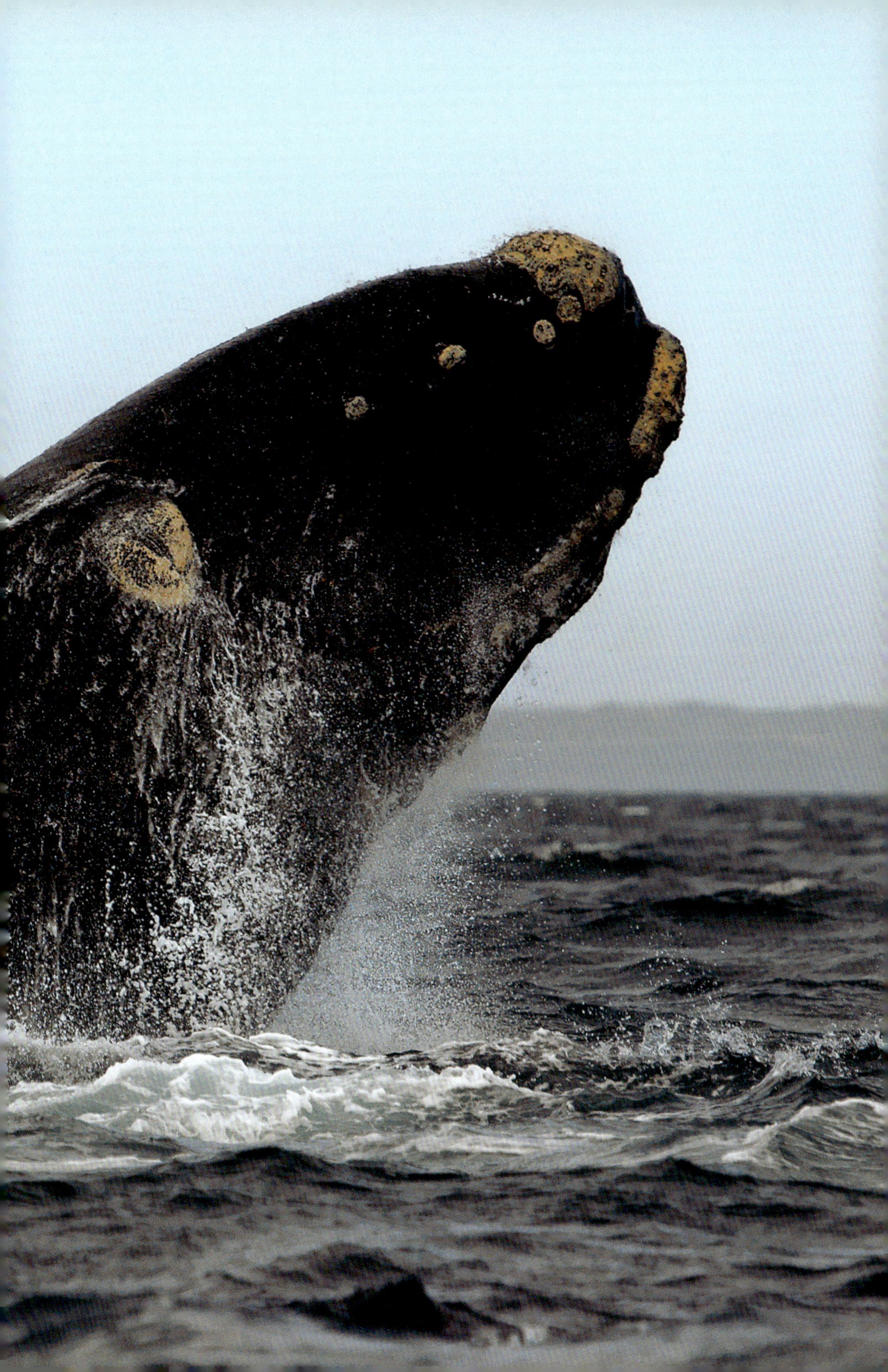

鯨類の多くは体毛をもたないが、
ミナミセミクジラでは
上顎や下顎の先端にまだ体毛を残している。

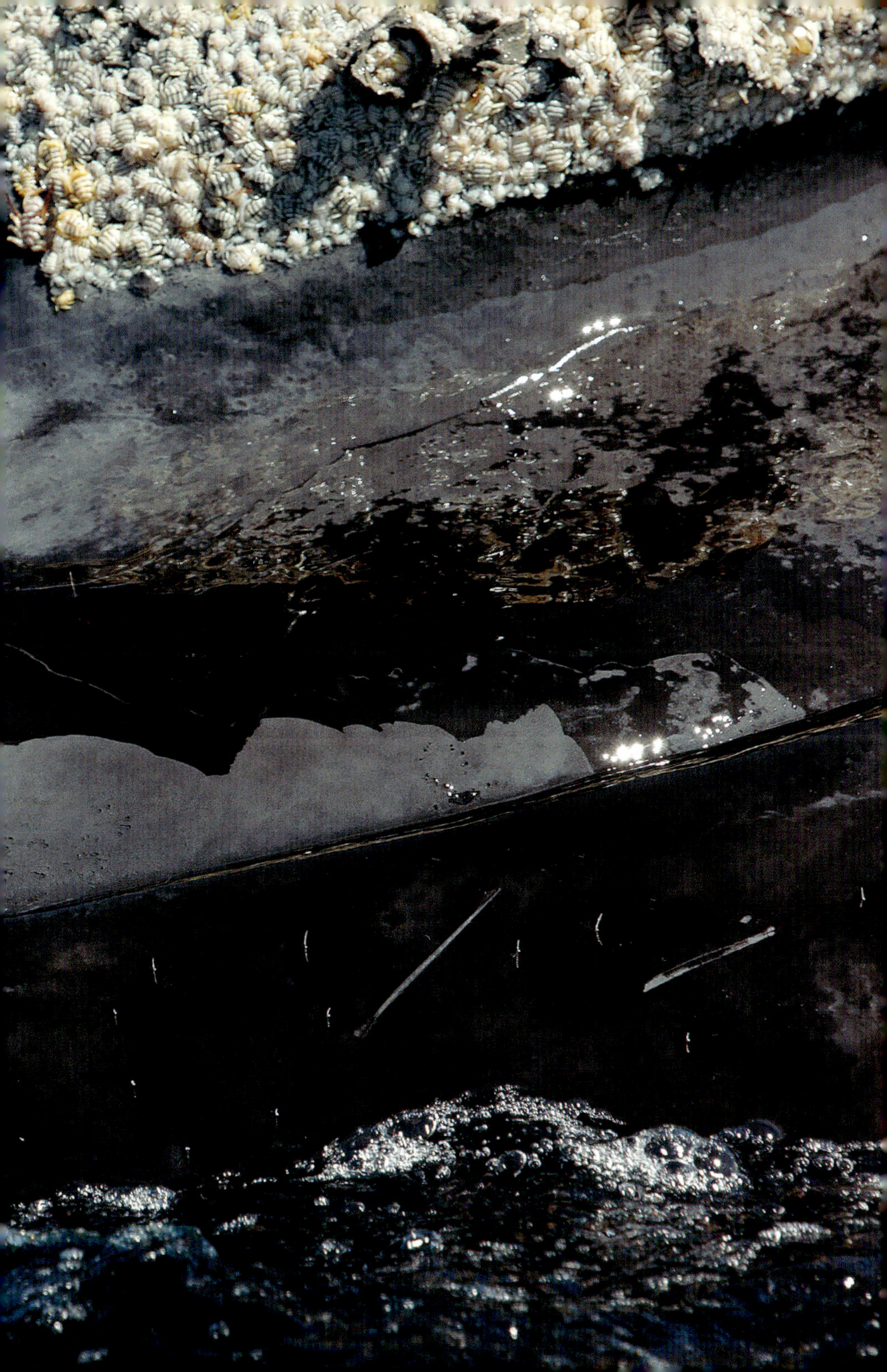

ミナミセミクジラにむかって舞いおりるミナミオオセグロカモメ。

ミナミオオセグロカモメは
クジラの体表の皮膚や
寄生虫をついばむ。
クジラの背には、
カモメのくちばしでついた傷跡が
しばしば認められる。

撮影者を眺めながらゆっくりと通りすぎる
ミナミセミクジラ。
下顎の側面は大きく上方に湾曲して、
その間に上顎がはいりこむ。

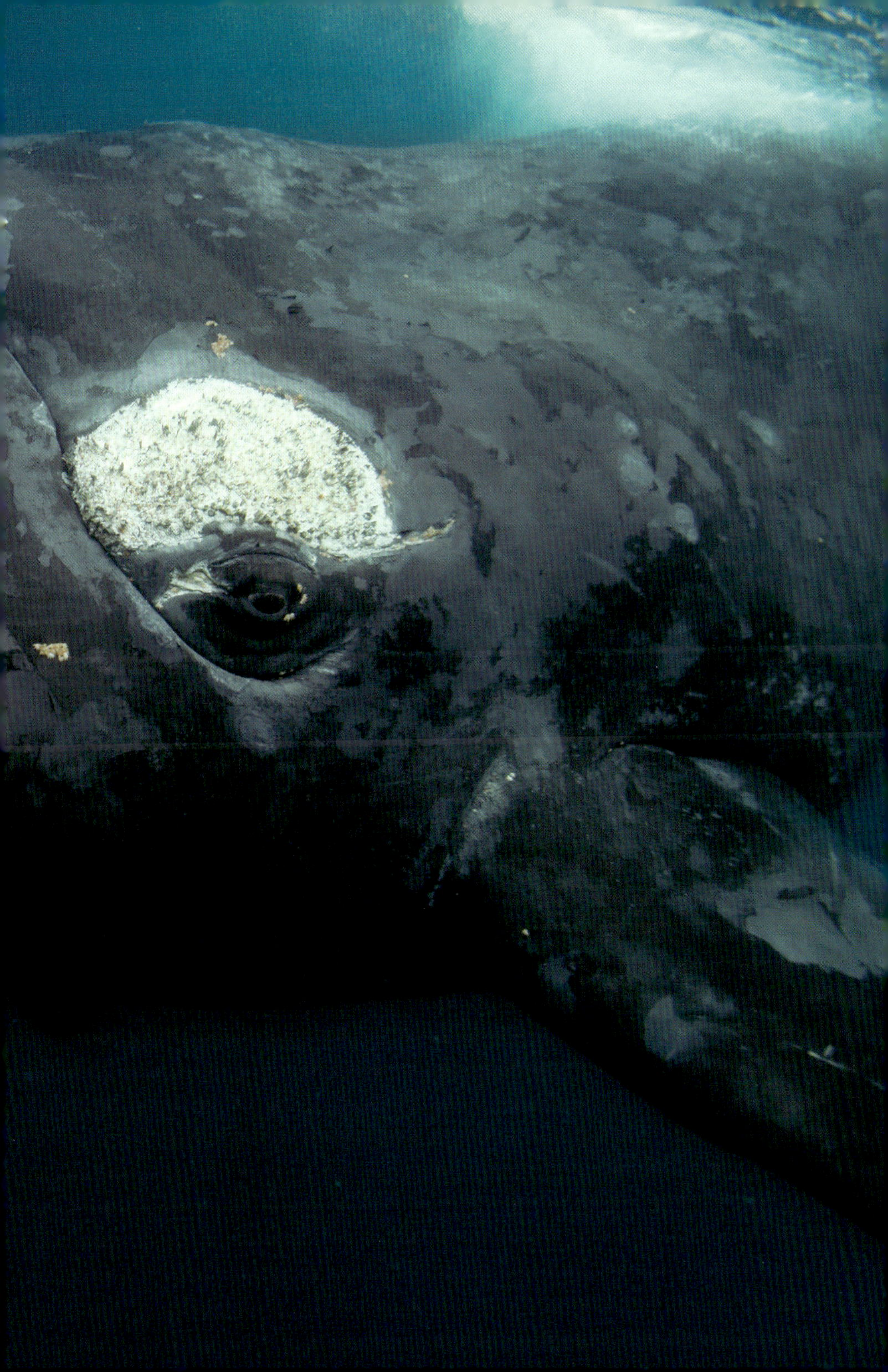

正面から見たミナミセミクジラ。
上下の顎には、黄白色の大小のこぶ状のもりあがり（ケロシティー）が見られる。
ケロシティーの配置のさまはそれぞれの個体で異なるために、
個体識別に利用されている (p.219)。

この海で生まれた子クジラが十分に成長する春の盛りまで、ミナミセミクジラはバルデス半島の周辺ですごす。

ハンドウイルカといっしょに泳ぐミナミセミクジラの親子。
イルカは船の舳先について泳ぐように、
大型鯨の前を好んで泳ぐことがある。

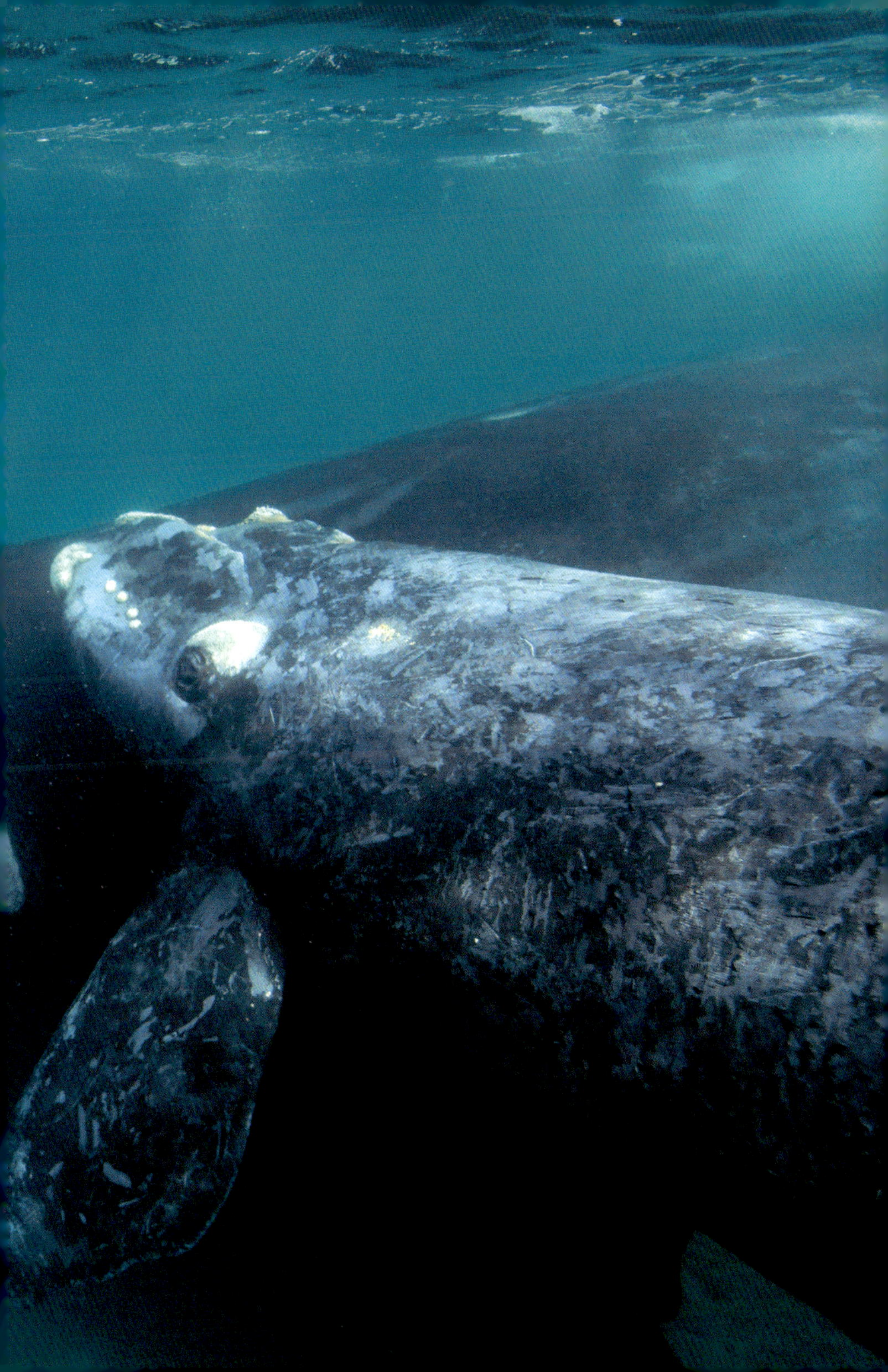

バルデス半島をとりまく海で生まれるミナミセミクジラの子どものなかに、
毎年何頭か、全身白い個体が発見される。
彼らはアルビノではなく、体のなかの白い部分が多い個体である。

アルゼンチン　バルデス半島
Valdes Peninsula, Argentina

体の大部分が白い
ミナミセミクジラの子どもが、
海面に体を躍らせる。

同じ子クジラが、
海面に尾びれを高く持ちあげたあと
強くふりおろして
激しい水音をたてる。

海中で出会った、全身が白い子クジラ。

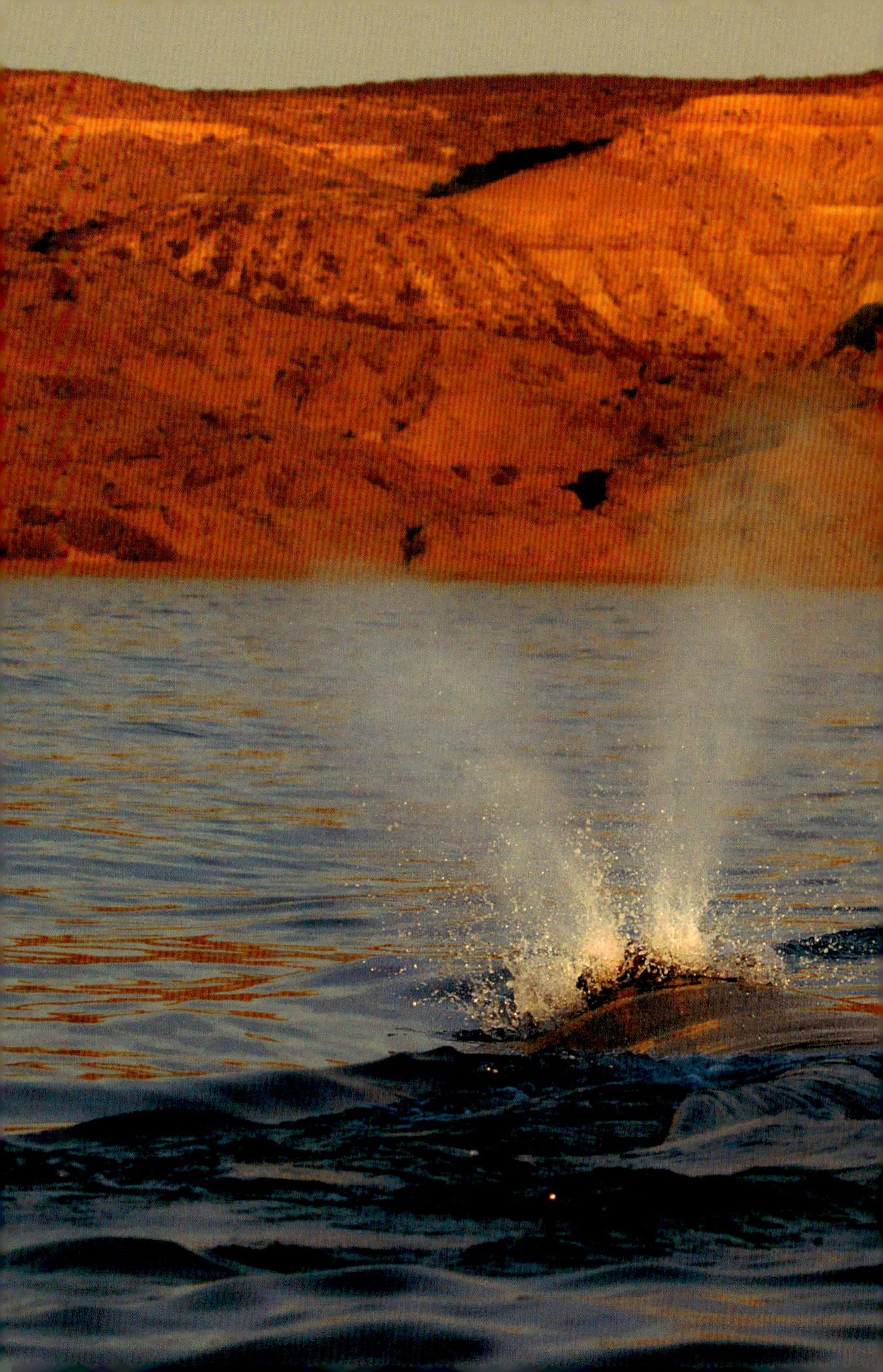

夕陽に染まるバルデス半島を背景に、2頭のミナミセミクジラが泳ぐ。
ミナミセミクジラの左右2つの噴気孔から
噴きあげられる噴気は、「V」字型にあがる。

黄昏どき、空や海が茜色に染まる。
深く潜ろうとするミナミセミクジラが海面にもちあげた尾びれから、
海水が黄金に輝きながら流れ落ちる。

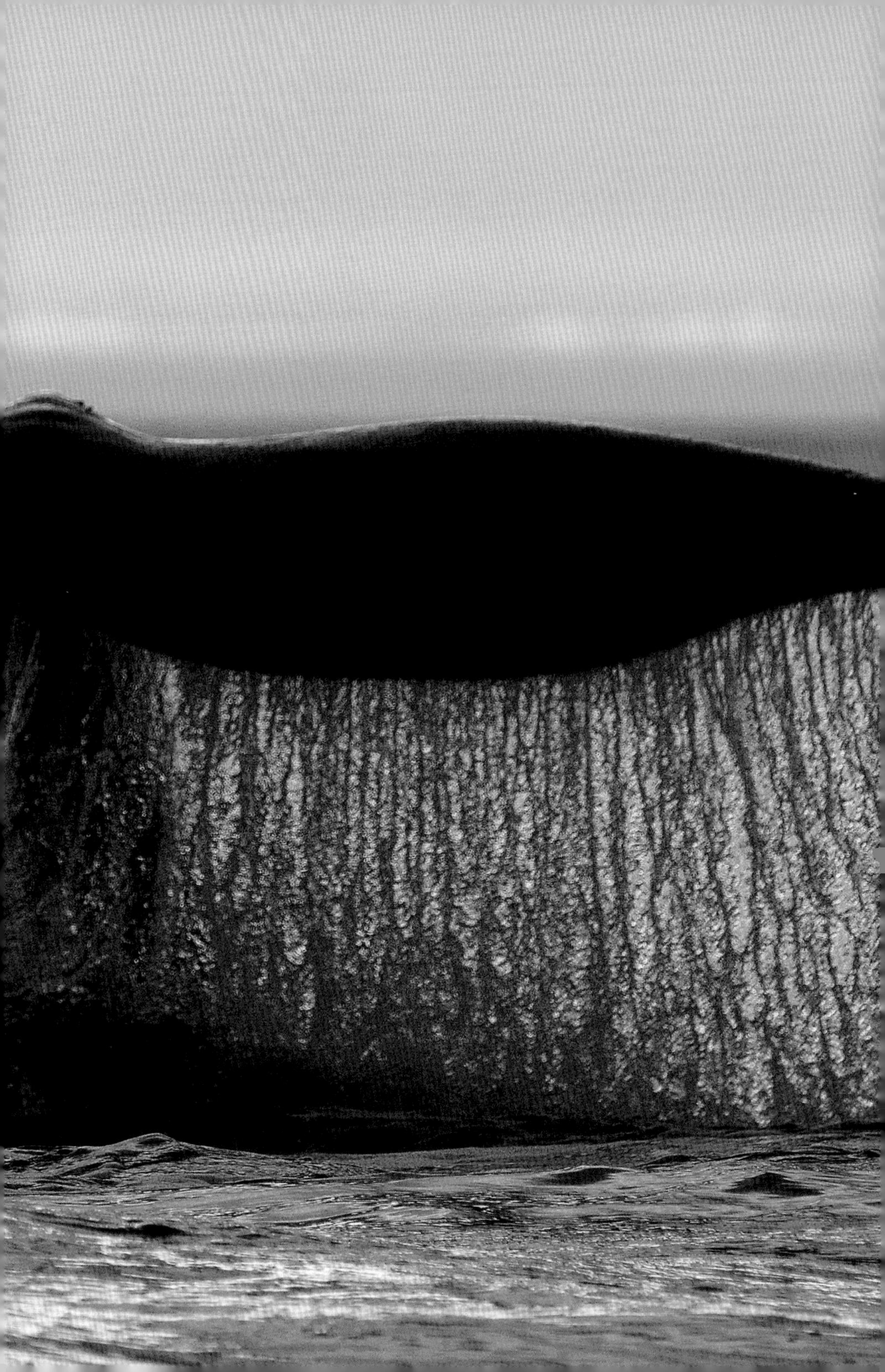

南極半島
Antactic Peninsula

南極大陸をとりまく海は、
膨大なナンキョクオキアミを育むことで、
巨大なヒゲクジラやさまざまなアザラシ、
海鳥を集める海でもある。
とりわけ南極半島沿岸では
ザトウクジラや、アザラシを狙う
シャチが頻繁に姿を見せる。

Antactic Peninsula

巨大な氷山を前にザトウクジラ（p.144）が泳ぐ。

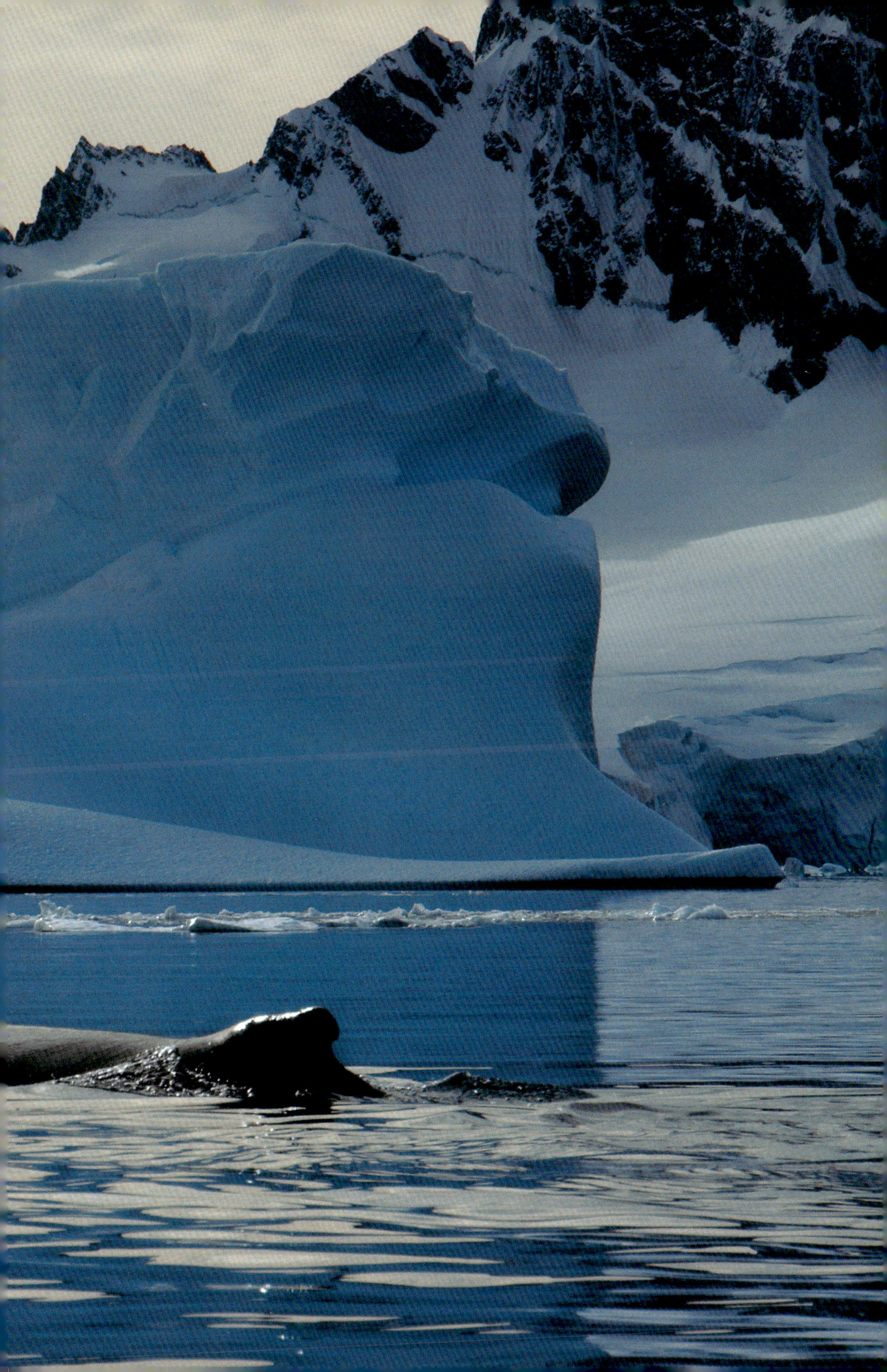

凪いだ海面から顔をのぞかせるザトウクジラ。近年個体数を増やし、観察機会はより多くなりつつある。

船に接近するザトウクジラ。
左右2つの噴気孔から
噴きあげられる噴気は、
ひとつの大きなかたまりになって
たちのぼる。

採餌中のザトウクジラ。
開いた口のなかに、上顎(手前側)から重なりあって生える
ヒゲ板を見ることができる。
口のなかには、大量のナンキョクオキアミを含んだ
海水をたっぷりととりこんでいる。

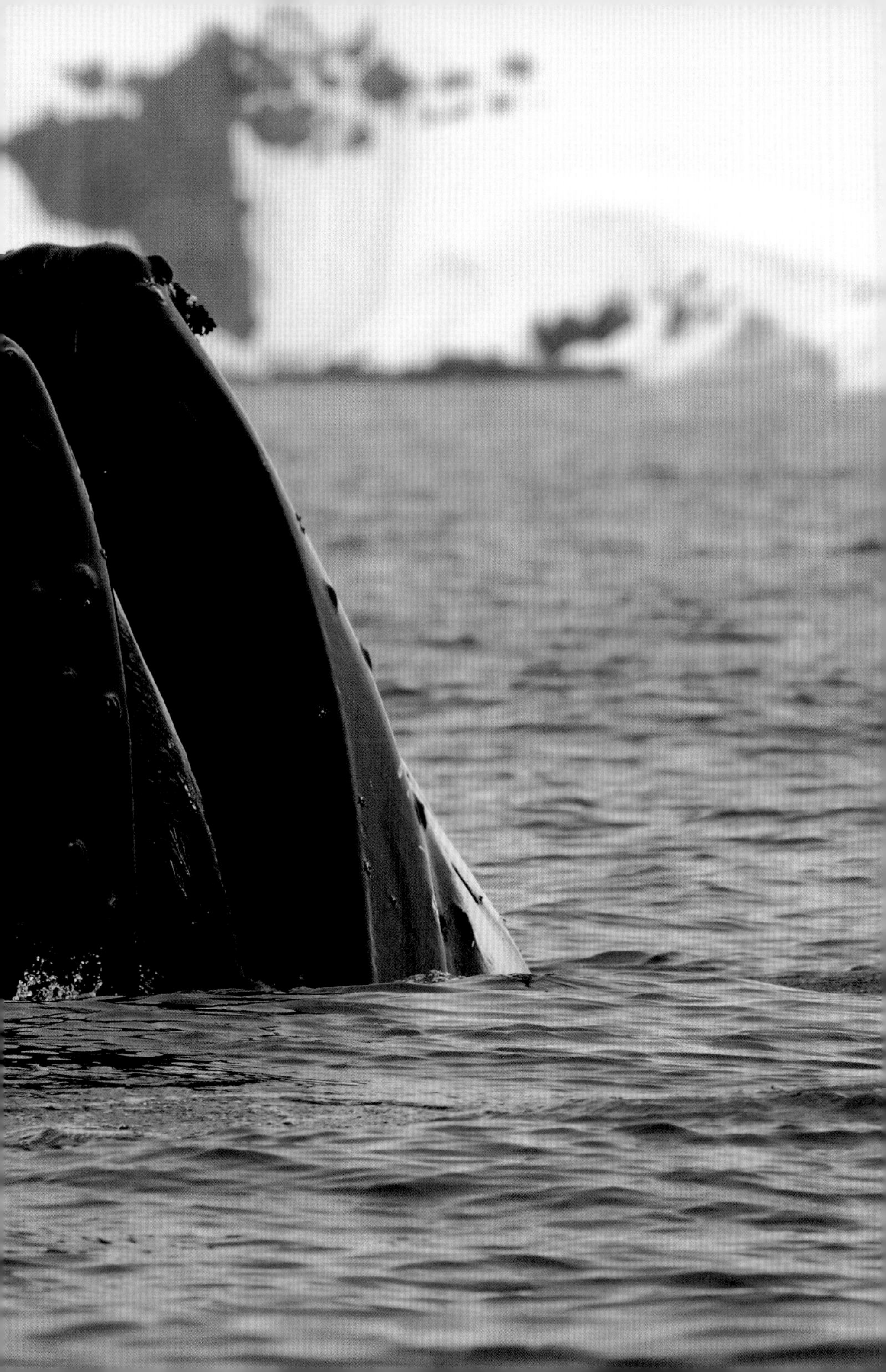

南極海で、ザトウクジラは2〜3頭がいっしょになって採餌を行うことが多い。

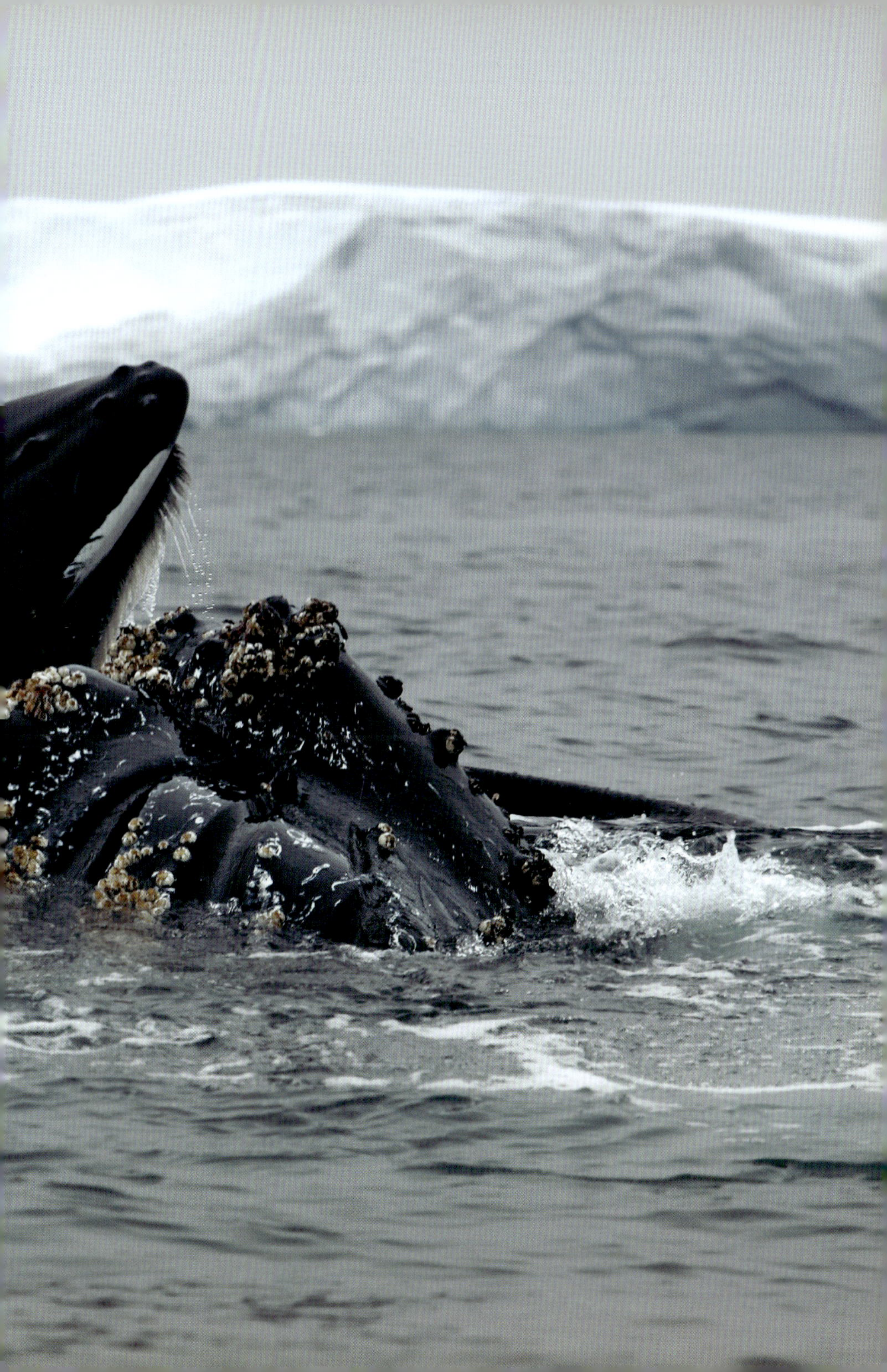

南極半島の風景を背景に、尾びれを海面にあげて潜るザトウクジラ。

南極半島
Antactic Peninsula

南極半島を中心に生息するシャチ（p.170）。
目の後ろの白い模様（アイパッチ）が大きいのが特徴で、
体は体表に繁茂する珪藻類のために黄灰色をおびている。

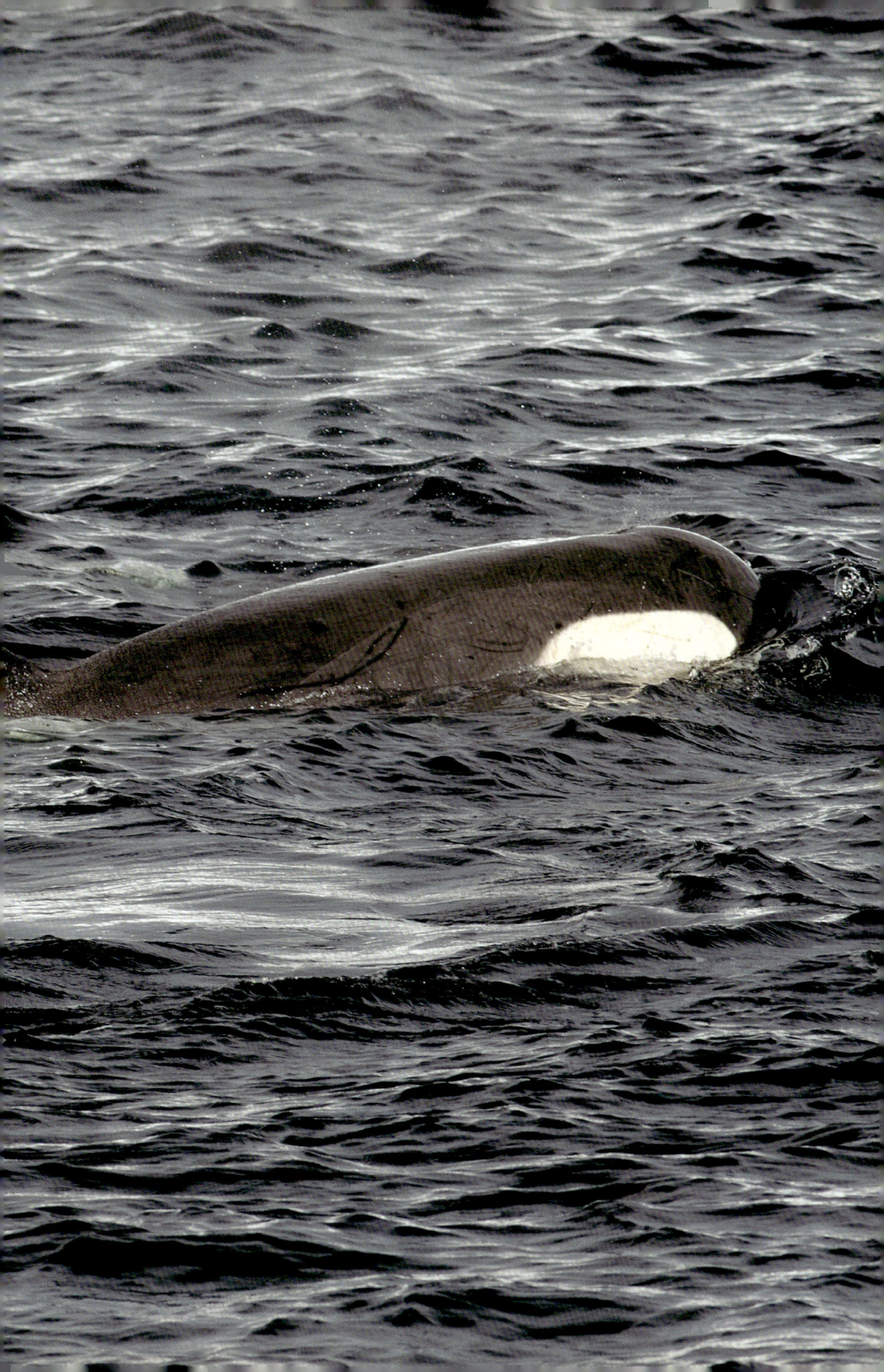

南極半島周辺に生息するシャチは、
おもに海氷の間を泳ぎまわり、海氷上に休むアザラシを狙う。

ヒゲクジラの仲間たち
(ヒゲクジラ亜目)
Baleen Whales, Mysticetes

海中に群れるプランクトンや小魚の群れを、
濾しとって食べる採餌方法を行うクジラの仲間が
「ヒゲクジラ」に分類される。
初期のヒゲクジラは、まだ歯をもつものがあったが、
現生のヒゲクジラ類は、濾しとるうえで
より効率のいいヒゲ板をもつようになった。
頭部に左右2つの噴気孔をもつ。

ナガスクジラ科

シロナガスクジラ
Blue Whale, *Balaenoptera musculus*

● 体長 23〜27m ●体重 最大160t

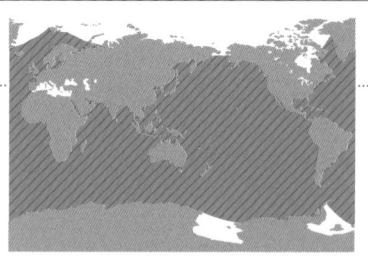

背は淡い青または青灰色で、濃淡による斑模様がおおう。世界の海洋に広く分布。南半球および北部インド洋に、いくぶん小型の亜種ピグミーシロナガスクジラ *B.m.brevicauda* が生息する。

長い背と小さな背びれ●長い背の後方に、小さな三角の背びれがある。背の青の濃淡による斑模様は1頭1頭異なり、個体識別に利用される（p.218）。

尾びれ●深く潜る前に、海面に尾びれをもちあげることが多い。尾びれの後縁は、比較的直線に近い。

潮ふき●シロナガスクジラの潮ふきは、1本の高い柱になって高さ10m近くにまでたちのぼる。

親子●誕生時の体長は約7m。他の多くのヒゲクジラ類と同様、夏をすごす高緯度の採餌海域と、冬から春先にかけてすごす繁殖海域との間で、季節的な回遊を行う。

喉の畝と溝●下顎から喉にかけて多くの畝と溝が走り、採餌のときに蛇腹のように大きく広がって、口腔内に大量のオキアミを含む海水をとりこむことができる。

ナガスクジラ科

ナガスクジラ
Fin Whale, *Balaenoptera physalus*

● 体長 21〜22m　● 体重 最大75t

世界の海洋（大洋域）に広く分布。
背面は黒褐色か濃灰色で、
白いV字模様（シェブロン）をもつ。
シロナガスクジラとの交雑個体も知られている。

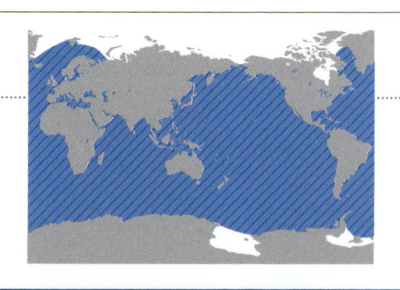

白い右下顎●下顎の色は、左側が背面と同様の黒褐色であるのに対し、右側は白い。

ヒゲ板●上顎から重なりあって垂れ下がるヒゲ板。ブラシ状にけばだつほうが口の内側にあたる。口腔内に小魚の群れとともにとりこまれた海水が、重なりあうヒゲ板の間から押し出されるとき、小魚がブラシの部分にひっかかって口のなかに残る。

細長い体形●シロナガスクジラについで2番目に大きなクジラだが、体形はシロナガスクジラより細く、背びれより後方では、背縁が尖った稜線をなす。

目だつ背びれ●長い背の後方に、鎌型の目だつ背びれがある。

採餌中のナガスクジラ●多くのヒゲクジラ類が単独で採餌を行うことが多いのに対して、ナガスクジラは数頭〜10頭ほどの群れで採餌を行うことがある。

イワシクジラ
Sei Whale, *Balaenoptera borealis*

- ●体長 最大18m
- ●体重 最大30t

極海をのぞき、世界の海洋に広く分布。背は黒青色。ナガスクジラ、ニタリクジラを含む3種は互いによく似るが、本種では背びれがより直立する。

高速での泳ぎ●大型鯨のなかではもっとも速く泳ぎ、時速50kmに達する。(〈財〉日本鯨類研究所)

細い頭部●他のナガスクジラ科のものに比べ、頭部がいくぶん細い。(〈財〉日本鯨類研究所)

ナガスクジラ科

ニタリクジラ
Bryde's Whale, *Balaenoptera edeni*

●体長 14〜15m　●体重 最大25t

ヒゲクジラ類の多くが、低緯度の繁殖海域と高緯度の採餌海域の間で季節的な回遊を行うのに対して、本種は周年暖海にとどまる。長く本種と混同されていた別種が、近年ツノシマクジラ *B.omurai* として記載された。

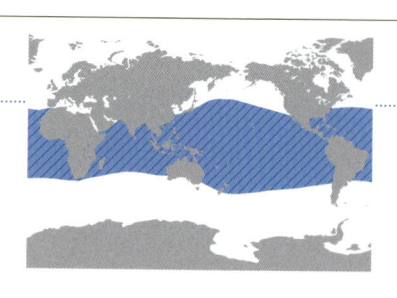

ブリーチ●ときに海面に巨体を躍らせる行動を見せる。（小田健治）

群れで●ふだんは単独ですごすが、採餌のおりに数頭〜10頭が集まることがある。（小田健治）

3本の稜線●本種はナガスクジラやイワシクジラと似るが、本種では吻端から噴気孔にむけて3本の線が走ることで識別できる。（小田健治）

暖海にすむクジラ●南北両半球で緯度40度より高緯度に回遊をすることがなく、Tropical Whale（熱帯のクジラ）とも呼ばれる。（米田将文）

採餌●口を開いたままイワシの群れに向けて突進する。海水とともにイワシの群れが口腔内に流れこむ。(小田健治)

喉の畝と溝●口腔内に流れこむ魚群と海水で、喉の畝と溝が蛇腹のように大きく広がっている。(小田健治)

行動図鑑 — 1　　Watching Guide 1

海のなかで演じられるクジラの行動は
観察がむずかしいが、
彼らが海上で見せるいくつかの典型的な行動がある。

スパイホップ
Spy-hop

ボートが接近したり、海藻の林のなかに入りこんだとき、クジラが海面から顔をあげて、まわりのようすを確かめる行動。

コククジラ●沿岸を泳ぐことが多く、とりわけ岸に近づいたときには頻繁にスパイホップを行う。

ザトウクジラ●手前が上顎。ちょうど海面から目が出るところ。

シャチ●観察のためのボートが近づいたり、仲間同士での遊びのおりに頻繁にスパイホップを行う。

ブリーチ
Breach

クジラの仲間が巨体を海上に
躍らせる行動。
とくにザトウクジラやセミクジラ、
コククジラやシャチは、
この行動を頻繁に見せる。
何度もくりかえして行うことが多い。

セミクジラ●体についた寄生虫や体表の古い皮膚を落とすことも、この行動の目的のひとつと考えられている。

ザトウクジラ●もっとも頻繁にホエール・ウォッチングの対象になるため、観察される機会も多い。ときに全身が海上に現れることもある。

シャチ●群れで暮らす種にとっては、ブリーチのときにあがる水音を、仲間同士の間の何らかの合図にする場合もある。

ナガスクジラ科

ミンククジラ
Minke Whale, *Balaenoptera acutorostrata*

● 体長 8～9m　● 体重 8～9t

本種は、キタタイヘイヨウミンククジラ、キタタイセイヨウミンククジラ、南半球に分布する矮小型のドワーフミンククジラの3亜種に分類される。体形はほかのナガスクジラ科のものに似るが、小型で、吻端が尖ることで識別できる。

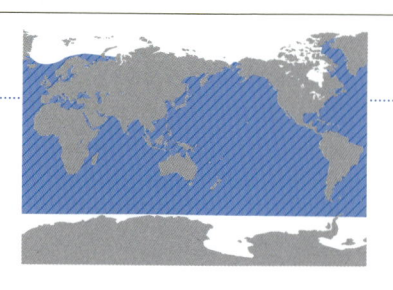

胸びれの白帯● 胸びれに白帯があることが、本種の特徴になる。南半球のドワーフミンククジラ。（Flip Nicklin/Minden Pictures）

採餌● 北太平洋でニシンの群れを食べるキタタイヘイヨウミンククジラ。跳ねるニシンと、下顎から喉に走る畝と溝が見える。

背びれ● 吻端から体長の2/3ほどのところにある背びれは、海上でも比較的目だつ。キタタイセイヨウミンククジラ。

クロミンククジラ
Antarctic Minke Whale, *Balaenoptera bonaerensis*

- 体長 9〜10m
- 体重 9〜10t

ミンククジラよりひとまわり大きく、南半球に分布。
夏期には南極大陸の周辺で
オキアミをたべてすごす。
ミンククジラほど、胸びれの白帯が目だたない。

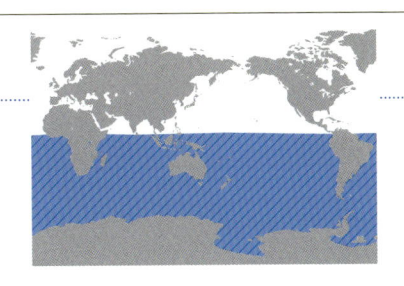

氷の間で●南極大陸をとりまく氷海のもっとも奥で採餌を行うクジラで、氷に閉じこめられることも少なくない。(Colin Monteath/Hedgehog House/Minden Pictures)

コオリオキアミとともに●南極大陸周辺では、ナンキョクオキアミが優占する海域より大陸側に、コオリオキアミが優占する海域がある。クロミンククジラはとくにこの海域で採餌を行う。

胸びれ●ミンククジラほど胸びれの白帯は目だたない。(鈴木保博)

ナガスクジラ科

ザトウクジラ
Humpback Whale, *Megaptera novaeangliae*

- ●体長 13〜14m ●体重 25〜30t

世界の海洋に広く分布。沿岸域でもよく観察され、ホエール・ウォッチングで親しまれている。夏をすごす高緯度の採餌海域と、冬から春先にかけてすごす繁殖海域の間で長距離にわたる季節回遊を行う。

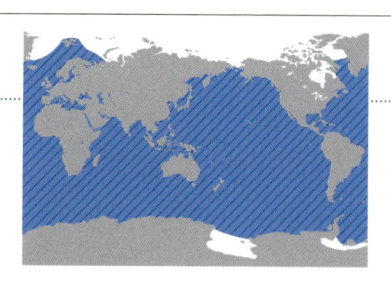

ブリーチ● 海面上に体を躍らせるブリーチを頻繁に行う。喉の畝と溝や胸びれには、オニフジツボやクジラジラミなどの外部寄生動物が数多く付着する。

潮ふき● 潮ふきは丸く大きな塊になってたちのぼる。

尾びれ● 深く潜るときは、最後に尾びれを海面上に見せる。尾びれの裏側にある黒と白の模様は1頭1頭異なるために、個体識別の標識として利用される。(p.218)

南極で● 南極大陸沿岸ではクロミンククジラ (p.143) とともに、もっとも頻繁に観察される種である。

繁殖海域で●南北の両半球でそれぞれの冬から春先にかけて、ザトウクジラは低緯度の繁殖海域で、出産と子育てを行う。

雄たちの闘い●繁殖海域で雄たちは雌をめぐって、ライバルの上に体を乗りあげたり、尾びれで打ちあったりと激しい闘いを見せる。

アラスカの海で●アラスカ沿岸は北太平洋を回遊するザトウクジラの、夏の主要な採餌海域になる。ニシンの群れをとらえるザトウクジラ。

群れでの採餌 アラスカ沿岸ではザトウクジラが何頭も集まって、ニシンの群れをとらえる豪快な採餌行動を発達させた（p.153）。

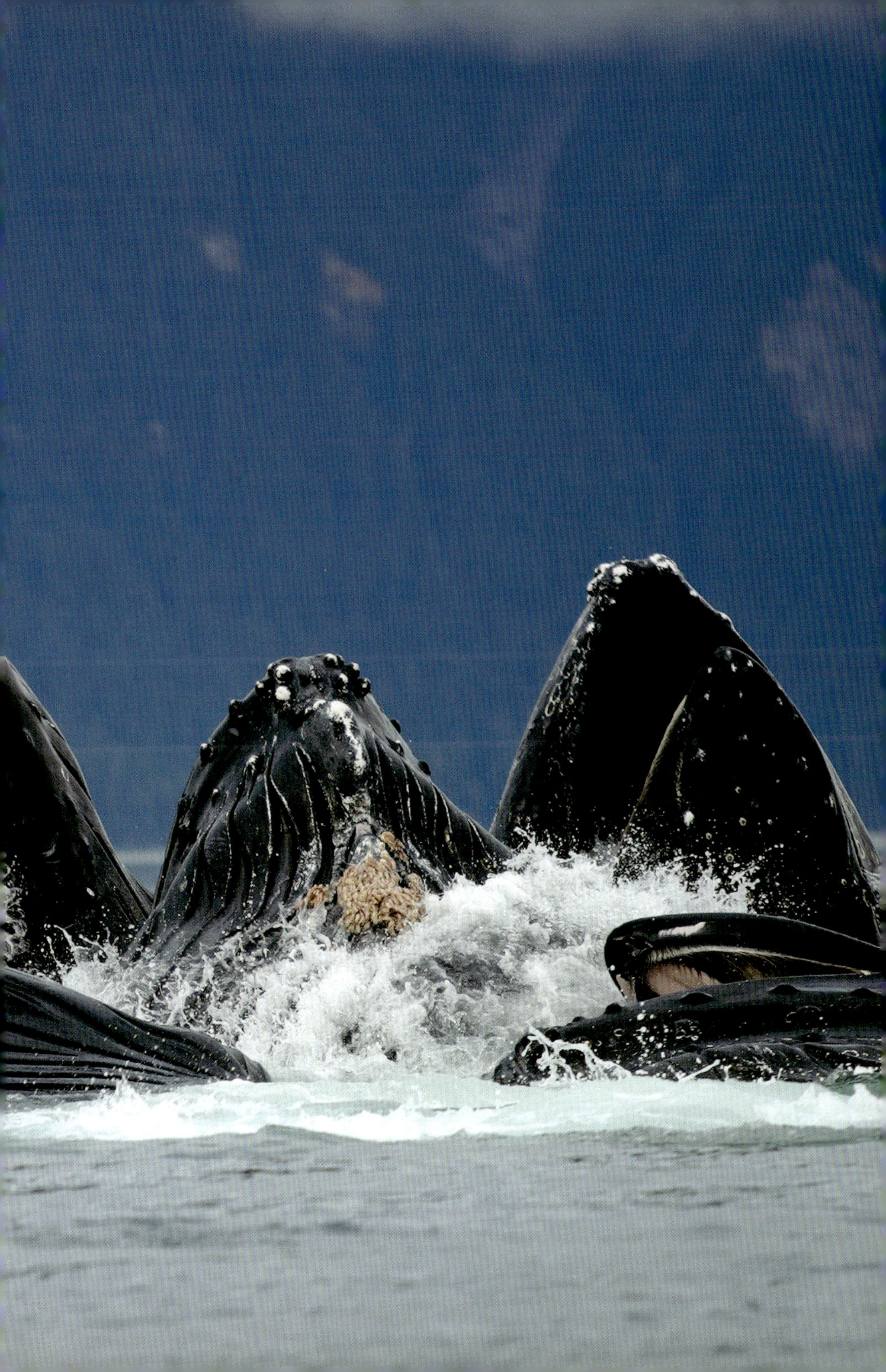

コククジラ科

コククジラ
Gray Whale, *Eschrichtius robustus*

- 体長 13〜14m
- 体重 最大30t

北米大陸の太平洋岸に生息する個体群は、20世紀初頭に絶滅寸前になったが、現在は2万数千頭にまで回復した。一方、サハリンから朝鮮半島、日本近海に生息する個体群は、現在わずか100頭前後。

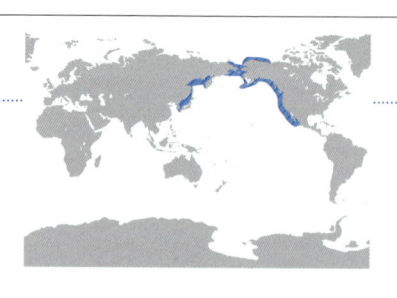

潮ふき●左右2つの噴気孔から噴きあげられる潮ふきは、2方向に「V」字形(あるいはハート形)にあがる。

回遊●夏をすごすベーリング海やチュコート海など高緯度の採餌海域と、冬から春先にかけてすごすカリフォルニア半島の繁殖海域の間で、大規模な季節回遊を行う。

尾びれ●深く潜る前に、海面に尾びれをあげる。尾びれにはシャチの歯型がついた個体が少なくない。

体の模様とフジツボ●体は灰色〜濃灰色で白い斑点が散在。頭部を中心にいくぶん黄味がかって見えるのは、ハイザラフジツボがかたまって付着する場所である。

ブリーチ●コククジラもブリーチをよく行う種である。

親子●カリフォルニア沿岸の繁殖海域で。子クジラは1～2月に誕生、春にはこの海域をはなれ、極北の採餌海域にむけて回遊を開始する。

ヒゲ板●コククジラは海底にすむヨコエビなど底生生物を、海水や泥とともに口のなかにとりこんだあと、重なりあうヒゲ板の間から海水や泥だけを押しだす。

セミクジラ科

セミクジラ
North Pacific Right Whale, *Eubalaena japonica*
- 体長 最大18m　● 体重 80〜100t

タイセイヨウセミクジラ
North Atlantic Right Whale, *Eubalaena glacialis*
- 体長 最大18m　● 体重 80〜100t

セミクジラは北太平洋に、タイセイヨウセミクジラは北大西洋に分布。背びれがないのが本科の大きな特徴である。上下の顎には「ケロシティー」と呼ばれる、明色のこぶ状の隆起が散在する。

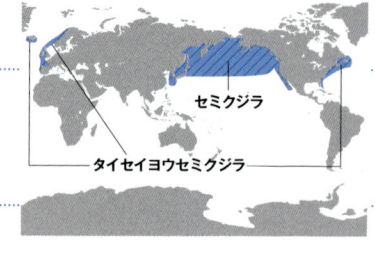

タイセイヨウセミクジラ●本種では、上顎正面にあるケロシティーが長くつながっている個体が多い。古くから捕鯨の対象になり、現在350頭前後（ヨーロッパ側では絶滅に近い）。

潮ふき●左右2つの噴気孔から噴きあげられる潮ふきは2方向へ、「V」字形にあがる。

北太平洋で●北太平洋にセミクジラはおおそ400頭。日本近海でもときおり目撃される程度。（小田健治）

ミナミセミクジラ
Southern Right Whale, *Eubalanena australis*

- ●体長 最大18m　●体重 80〜100t

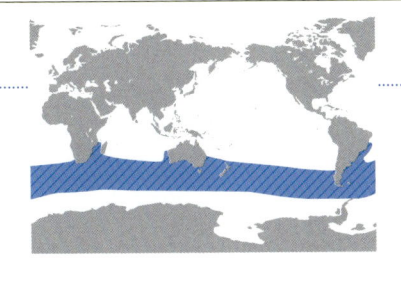

ふだんは南半球の高緯度海域に散らばって採餌を行い、冬から春先にかけての繁殖期には、南米南部沿岸、オーストラリアやニュージーランド南部沿岸、南アフリカ沿岸に集まる。北半球のセミクジラ類に比べれば個体数は多く、現在7000〜8000頭。

ケロシティー●上下の顎に散在するケロシティーの分布のさまは1頭1頭異なるため、個体識別に役だてられる（p.219）。

採餌●この姿で泳ぐと、ヒゲ板のない口の正面からプランクトンを含む海水が口のなかに流れこむ。それが口の側面をおおうヒゲ板のすき間から流れ出るとき、プランクトンだけがこしとられる。(p.153, Flip Nicklin/Minden Pictures)

尾びれ●尾びれを静かに海面からもちあげたまますごす行動をとるが、その意味はよくわかっていない。

背美鯨●背びれをもたないことから「背美鯨」と呼ばれた。

ヒゲクジラ類の採餌行動 Feeding Behaviors of Baleen Whales

ナガスクジラ科

オキアミや小魚が群れる海中を、口を開いて突き進むと、餌生物の群れは大量の海水とともに口腔内に流れこむ。このとき、下顎から喉にかけて走る何本もの畝と溝が蛇腹のように広がって、一度に大量の海水と餌生物を口腔内にとりこめる。

大量の小魚の群れを海水ごと口のなかにとりこみ、喉が大きく膨れあがったザトウクジラ。

爪に似た物質でできるヒゲ板。口の内側にむかうブラシ状の構造が、海水中のプランクトンや小魚の群れをこしとるフィルターとして働く。

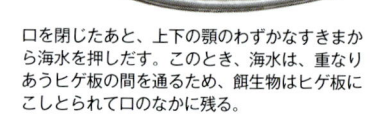

口を閉じたあと、上下の顎のわずかなすきまから海水を押しだす。このとき、海水は、重なりあうヒゲ板の間を通るため、餌生物はヒゲ板にこしとられて口のなかに残る。

コククジラ科

浅海底で体を横だおしにして、口の側面で海底を掃くように泳ぎながら、ヨコエビなど海底の生物を海水や泥ごと口のなかにとりこんでは、ヒゲ板の間から海水と泥だけを押しだす。下顎から喉には左右1〜2対の溝があり、採餌中わずかにふくらむ程度だ。

コククジラの頭部を見ると、左側（写真向かって右側）にフジツボがかたまって付着するものの、右側（写真向かって左側）にはフジツボがついていない個体が多い。これは多くの個体が、体の右側を下にして海底で採餌をすることを示している。

オキアミなどを食べる一部のヒゲクジラにくらべて、ヒゲ板の繊維状の部分は粗い。

ザトウクジラの
バブルネット・
フィーディング

アラスカ沿岸を
夏の採餌海域にする
ザトウクジラ
（ナガスクジラ科）は、
何頭もが
いっしょになって行う
豪快な採餌行動を
発達させた (p.146-147)。

①ニシンが群れる近くで、1頭のクジラが海中で息を吐きだしながら大きな円を描いて泳ぐと、たちのぼる空気が海中に泡のカーテンをつくりだす。

海面に大きな円を描きながら浮上する泡。

②ほかのクジラたちが、円形の泡のカーテンのなかへニシンの群れを追いこむ。

③全員のクジラが大きく口を開き、動きをそろえて海面にむかいながら、ニシンの群れを一気にとりこむ。

セミクジラ科

口を開くと、正面には開口部ができるが、側面は重なりあう長いヒゲ板におおわれている。このまま海中を泳ぐと、プランクトンを含む海水が口のなかに流れこみ、それが側面のヒゲ板の重なりのすきまから流れでるとき、口の内側でプランクトンがこしとられる。

採餌中、喉を膨らませる必要がないため、喉に溝をいっさいもたない。

ヒゲ板は長く、ときに4m近くに達する。小さなプランクトンを餌にするため、繊維状の部分はきわめて細かい。

セミクジラ科

ホッキョククジラ
Bowhead Whale, *Balaena mysticetus*

- ●体長 最大19m　●体重 最大100t

北極海を中心に海氷がある海域ですごすが、オホーツク海に隔離された個体群が生息。かつての捕鯨により、ヨーロッパ側ではきわめて希少。グリーンランドクジラとも呼ばれる。

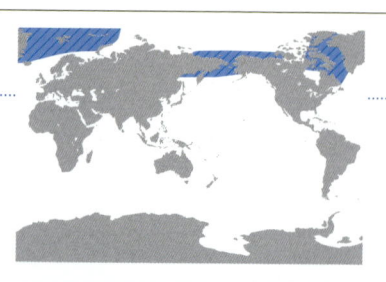

海氷ともに●夏には北極海をより高緯度へ、冬には発達する海氷とともに南へ移動する。(Flip Nicklin/Minden Pictures)

白い下顎●全身が黒いが、下顎の先端は白く、そこに小さな黒斑が並ぶ。(Flip Nicklin/Minden Pictures)

背の傷●海面をおおう海氷を割ったり、押しあげて浮上したりすることがあり、背に氷による傷が刻まれていることが多い。

ハクジラの仲間たち
(ハクジラ亜目)
Toothed Whales, Odontocetes

歯をもち、魚やイカ、あるいは他の海生哺乳類を襲って食べる
クジラの仲間が「ハクジラ」に分類されるが、
歯が歯茎の外にあらわれない種もある。
エコロケーション(海中で前方にむけて小刻みな音を発し、
その反射音から対象物の位置や大きさを知る能力)を行うことが、
このグループを特徴づけている。
2本の気道は体表に達する前に合流し、
1つの噴気孔として開口する。

マッコウクジラ科

マッコウクジラ
Sperm Whale, *Physeter macrocephalus*

- **体長** 雄▶最大18m／雌▶11m
- **体重** 雄▶最大45t／雌▶15t

ハクジラのなかで最大種。
雌は血縁関係のある者同士で
緊密な群れ（家族ユニット）をつくって暖海にとどまり、
雄は成長すると高緯度海域まで回遊を行うようになる。
水深1000mもの深海に潜り、頭足類（イカ、タコ）を補食する。

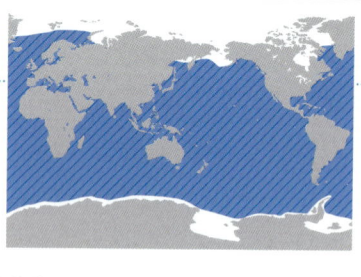

海面で●1時間近く深海まで潜ったあとは、海面に浮上すると長くとどまって呼吸をくりかえし、全身の筋肉（に含まれるミオグロビンというタンパク質）に酸素をいきわたらせる。

潮ふき●噴気孔の位置にあわせて、左斜め前方に低くあがるため、海上での識別はたやすい。

噴気孔●噴気孔が大きく斜め左前方にかたよっている。体の後部の皮膚はしわで波打つ。

育児群●写真が撮影された当日に生まれた子クジラを連れて泳ぐ雌たちの群れ。子どもは、群れのメンバー全員に守られて育つ。

家族ユニット●血縁関係のある雌で構成される家族ユニットの絆は強い。ときに海面で体を寄せあって、何時間も戯れてすごす。

尾びれ●深く潜るときは、最後に海面に銀杏葉の形をした尾びれを海面にあげる。

白鯨●20種をこえる鯨種でアルビノは観察されている。写真はポルトガル、アゾレス諸島で撮影されたマッコウクジラのアルビノ。

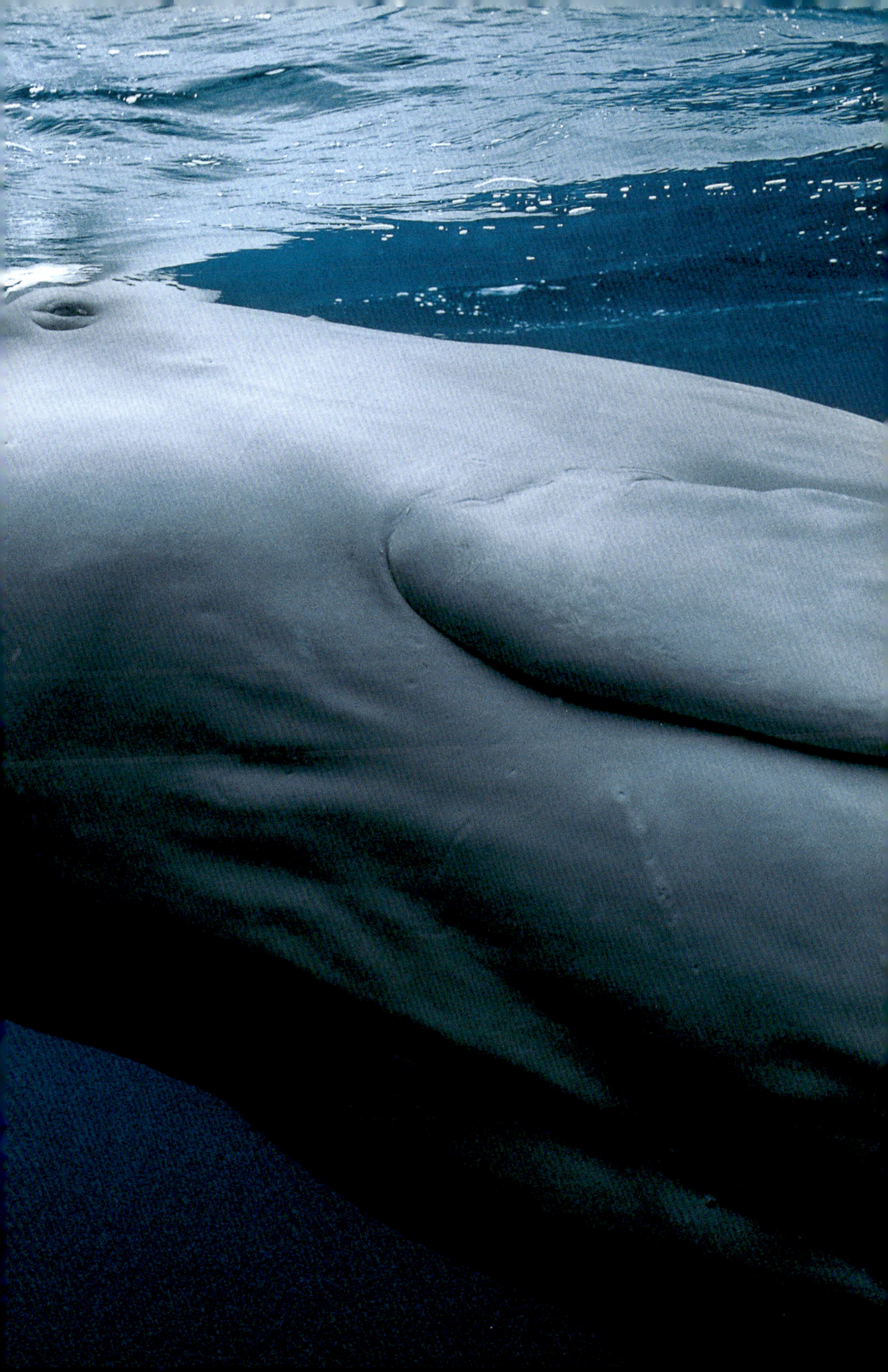

アカボウクジラ科

キタトックリクジラ
Northern Bottlenose Whale, *Hyperoodon ampullatus*

- 体長 雄▶最大9.8m／雌▶最大8.7m
- 体重 最大7.5t

北大西洋の寒帯域から亜北極域に分布。水深1000m以上潜り、深海でイカを捕食。採餌のために潜ると1時間以上浮上しない。先端がとがり、前方に突きだした吻が特徴。

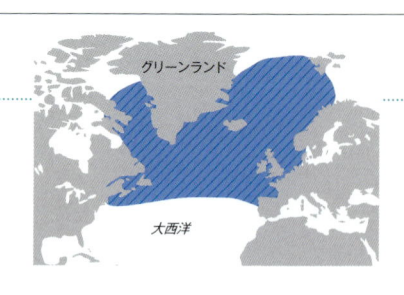

メロン●「メロン」とは、頭部の前にあるドーム状の脂肪組織で、エコロケーションのためのクリックス（カチカチと聞こえる小刻みな音）を前方にむけて収束して放つためのもの。本種ではメロンが前方に大きくはりだす。（Flip Nicklin/Minden Pictures）

群れで●数頭〜10頭程度の群れですごすことが多い。（Flip Nicklin/Minden Pictures）

体色●体色は灰色〜灰褐色。歳をとった個体では、体の他の部分に比べ、頭部と吻がより白っぽくなる。（Flip Nicklin/Minden Pictures）

アカボウクジラ
Cuvier's Beaked Whale, *Ziphius cavirostris*

- 体長 最大7m
- 体重 最大3t

北極海、南極海をのぞいて世界の海洋に広く分布。ただし深海域に生息、沿岸には来遊しない。2時間以上にわたる潜水で、水深3000mをこえて潜ることが近年たしかめられた。

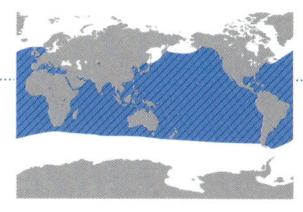

体の模様●体は褐色か灰色で、歳とともに白い斑点や傷痕が刻まれる。成長した雄では頭部と背が白くなる。（高橋智子）

短い吻●同じ科の他の種より吻部は短い。（〈財〉日本鯨類研究所）

ツチクジラ
Baird's Beaked Whale, *Berardius bairdii*

- 体長 雄▶最大12m／雌▶最大12.8m
- 体重 最大12t

北大西洋の温帯〜熱帯域に分布。アカボウクジラ科のなかでは最大種。水深1000mをこえて潜り、底生の魚類や頭足類を捕食する。

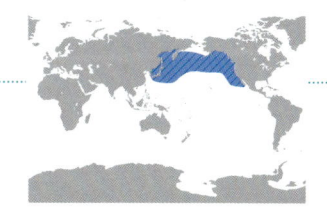

下顎の歯●下顎の先端近くに2対の歯があり、前方の1対は口を閉じていても外から確認できる。（〈財〉日本鯨類研究所）

ミナミツチクジラ●南極海でシャチに襲われるミナミツチクジラ（Arnoux's Beaked Whale, *Berardius arnuxii*）。

161

アカボウクジラ科

コブハクジラ
Blainville's Beaked Whale, *Mesoplodon densirostris*

- ●体長 最大4.7m ●体重 最大1t

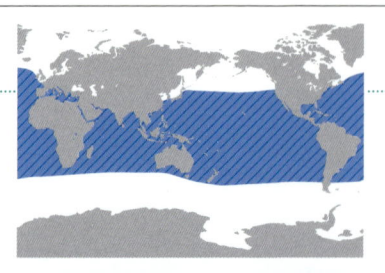

世界の温帯域〜熱帯域に広く分布。下顎がつけ根のあたりで上方に大きくアーチ状にもりあがり、成熟した雄では、その頂点近くから前方にむけて、大きな歯の先端だけが現れる。

体の模様●背は黒褐色〜黒灰色で、淡色の斑が散在する。（高橋智子）

アーチ状の下顎●下顎が上方にアーチ状に大きく湾曲するのが本種の特徴だが、成熟した雄でとくに著しい。（高橋智子）

成熟した雄の頭骨●大きな歯の先端だけが外に現れる。上下の顎の骨の密度がきわめて高い。（国立科学博物館）

雌の頭骨（国立科学博物館）

アカボウクジラ科のクジラたち

ホエール・ウォッチングでよく観察されるクジラではないが、
それぞれが特徴的な歯と、頭部の形態を見せる。
ここで紹介するものは、成長した雄だけが
下顎に大きな歯をもち、その先端が萌出する。

オウギハクジラ
Stejneger's Beaked Whale
Mesoplodon stejnegeri
- 体長 最大5.5m
- 体重 資料なし

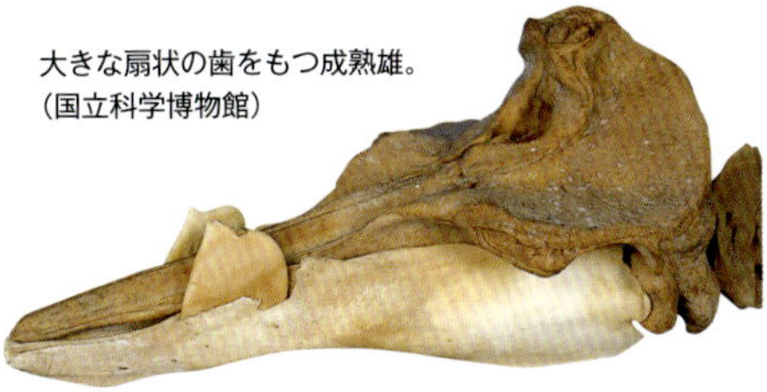

大きな扇状の歯をもつ成熟雄。
(国立科学博物館)

ハッブズオウギハクジラ
Hubb's Beaked Whale
Mesoplodon carlhubbsi
- 体長 最大5.4m
- 体重 最大1.5t

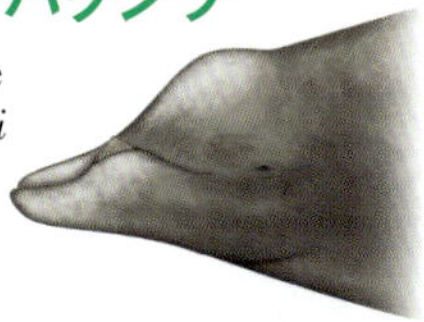

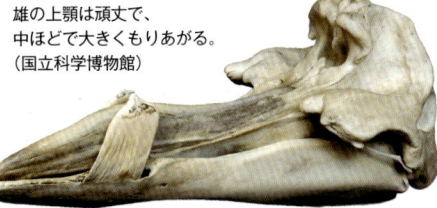

雄の上顎は頑丈で、
中ほどで大きくもりあがる。
(国立科学博物館)

ともに北太平洋の温帯から亜寒帯域に分布。1000m近い深海でイカなどを補食すると思われる。

イチョウハクジラ
Ginkgo-toothed Beaked Whale
Mesoplodon ginkgodens
- 体長 最大4.9m
- 体重 資料なし

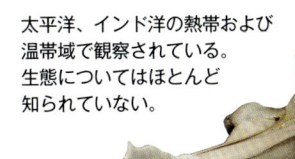

太平洋、インド洋の熱帯および
温帯域で観察されている。
生態についてはほとんど
知られていない。

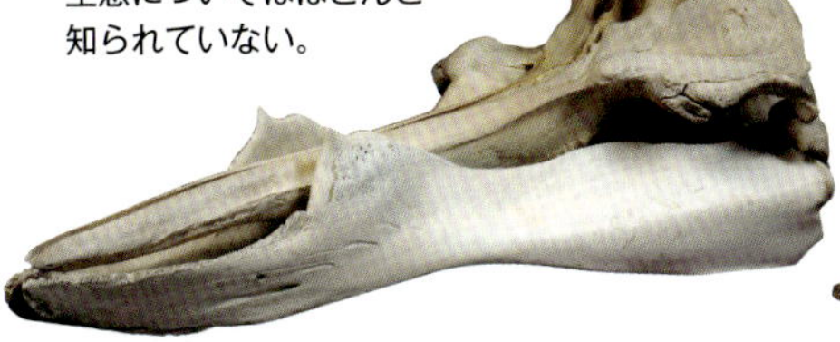

成熟雄が銀杏葉形の大きな歯をもつ。
(国立科学博物館)

ヒモハクジラ
Strap-toothed Whale
Mesoplodon layardii
- 体長 最大6.2m
- 体重 資料なし

南半球の温帯〜亜寒帯の
海域に分布。
口腔内に水を強く吸いこむことで
獲物のイカをとらえると
考えられている。

成熟した雄の帯状の歯は、
上顎をまくように湾曲してのびる。

イッカク科

イッカク
Narwhal, *Monodon monoceros*

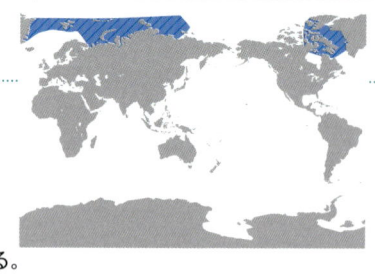

- ●体長　雄▶最大4.7m（牙をのぞく）
　　　　雌▶最大4.2m
- ●体重　雄▶最大1.6t／雌▶最大0.9t

北極海に生息。秋に海氷の発達にあわせ外海へ、春から夏にかけて餌生物を求めて内湾に移動する。成長した雄では1本の牙（上顎左側の門歯）が前方にのびる。

雄の群れ●年齢や性別によってそれぞれの小群をつくる。成長した個体では、淡い灰色の地色に黒褐色の斑点が散らばる。（Flip Nicklin/Minden Pictures）

尾びれ●深く潜るときに、海面に尾びれをあげる。歳とった個体では、先端の縁が上に反る。

牙●長さ3mに達する。なかには左右の門歯がのびて、2本の牙をもつ個体も確認されている。

雄同士の闘い 雌をめぐって競いあう雄同士が、牙を海面にだしてスパーリングを行う。(Flip Nicklin/Minden Pictures)

イッカク科

ベルーガ（シロイルカ）
Beluga(White Whale), *Delphinapterus leucas*

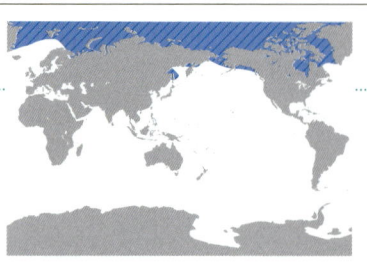

- ●体長 雄▶最大5.5m／雌▶最大4.1m
- ●体重 雄▶最大1.6t／雌▶最大1t

北極圏、亜北極圏に分布するが、隔離された個体群が、オホーツク海、カナダ・セントローレンス川、アラスカ・クック湾に生息。
海面や海中で多彩な声を発し「海のカナリア」と呼ばれる。

海中で●賑やかな声を海中に響かせる。成長した雄（写真手前）では、胸びれの先端が上方に反りかえる。

自在に動く首●他の鯨類と異なり頸椎が癒合していないため、首をさまざまな向きに動かすことができる。

胎児しわ●どの鯨類でも生まれたばかりの子どもには、母親の胎内にいたときの名残として、体側に何本かのくっきりとしたしわが刻まれている。

北極海で●初夏、北極海の氷が割れはじめると、リード（海氷の割れ目）にそって内湾にはいりこむ。

166

子育て●入り江や河口の水温は、幼い個体が育つのに適していると考えられている。幼い個体は体色が黒灰色で、7～8年をかけて純白に変わっていく。(Flip Nicklin/Minden Pictures)

黄色いベルーガ●古い体表は黄色く色づいて見える。彼らは夏のはじめ、河口や浅い入り江に集まり、海底に体を丹念にこすりつけて古い体表を落とす。

さまざまな歯　Teeth of Toothed Whales

アカボウクジラ科の歯（p.163）は、じつにさまざまな形を見せるが、
ほかにも特徴的な歯をもつものは多い。
陸上哺乳類が、切歯や犬歯、臼歯など
それぞれに機能と形の違う歯をもつ（異歯性）のに対し、
ハクジラ類では一般的に、同じ形の歯が並ぶ（同歯性）。

シャチ
（マイルカ科）

1 cm

上下の顎に10〜12対の歯をもつ。
ハクジラ類はとらえた獲物を
咀嚼することなく、丸のみする。
そのために歯は、とらえることにのみ使われる。

オキゴンドウ
（マイルカ科）

上下の顎に8〜11対の歯をもつ。
マイルカ科のハクジラ類は、
一般的に円錐形の歯をもつ。

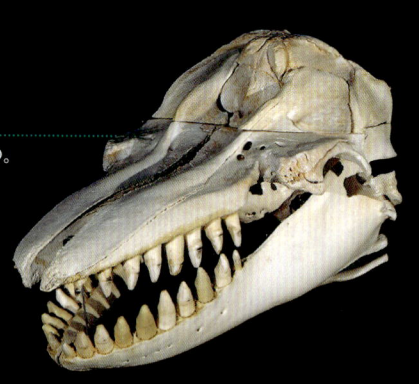

1 cm

イッカク
（イッカク科）

前方に突きだす牙（成長した雄だけがもつ）は、
螺旋を描きながら長さ3mに達する。

マイルカ（マイルカ科）

上下の顎に40〜50対の、円錐形の歯をもつ。

1 cm

マッコウクジラ（マッコウクジラ科）

外に見える歯をもつのは下顎のみ。これまで知られる最大の歯は、1本で1.7kgに達する。

1 cm

ハナゴンドウ（マイルカ科）

上顎に歯はなく、下顎の前方だけに2〜7対の円錐形の歯をもつ。

1 cm

スナメリ（ネズミイルカ科）

ネズミイルカ科のハクジラ類は共通して、平たいしゃもじ形の歯をもつ。

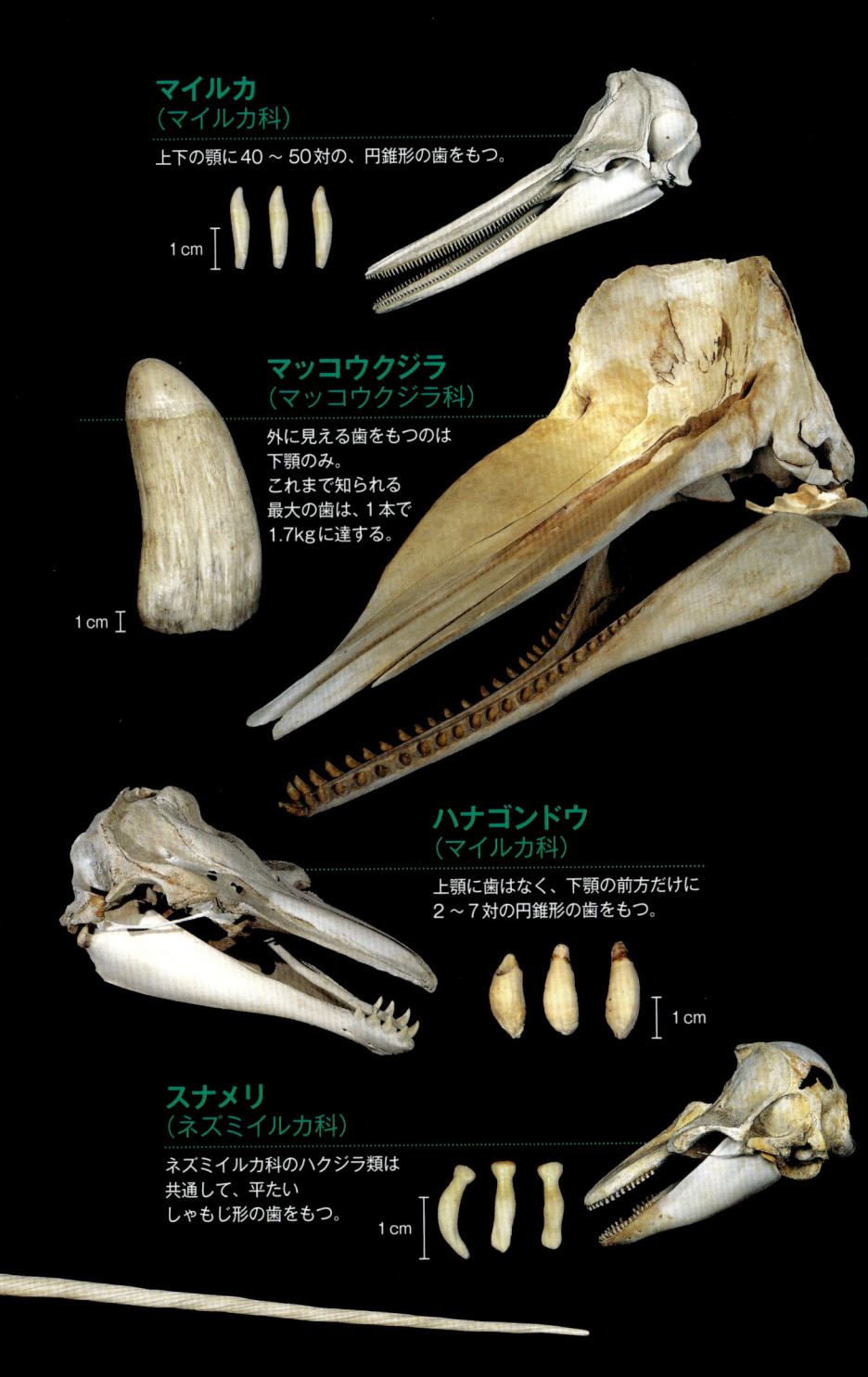

1 cm

169

マイルカ科

シャチ
Killer Whale (Orca), *Orcinus orca*

- ●体長 雄▶最大9.8m／雌▶最大8.5m
- ●体重 雄▶最大10t／雌▶最大7.5t

南北両極海から熱帯まで、世界の海洋に広く分布。
それぞれの海域で、餌生物にあわせた
独自の暮らしをする個体群が知られる。
また、分布域を重ならせながら、遺伝的に隔離され、
異なる採餌生態をもつ複数の生態型が共存する例も知られる（p.10）。

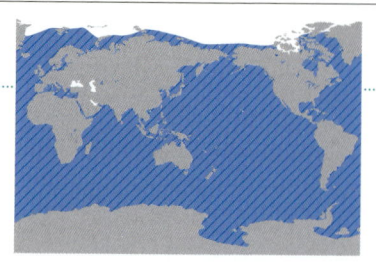

ポッド●血縁関係のあるもの同士が「ポッド」（拡大家族群）と呼ばれる、結びつきの強い群れをつくってくらす。3世代、ときには4世代を含むポッドも知られている。雄は成長すると、背びれが高くのびる。

へそ●他の哺乳類と同様、腹部の中央にへそがある。また下腹部の生殖器でも雌雄を見分けることができる。

大きな胸びれ●雄は成長すると胸びれも大きくなる。

アルゼンチンの海で●アルゼンチン、バルデス半島の海岸では、オタリア（アシカの仲間）が群れる海岸にシャチが乗りあげ、オタリアを襲う行動が頻繁に観察されている。

授乳●誕生して半年ほどは母乳だけで育ち、その後1年近くかけて徐々に離乳する。（鴨川シーワールド）

子ども●誕生して2～3年の間は、アイパッチ（目の後ろの白い模様）や下顎は淡褐色。（鴨川シーワールド）

個体識別●背びれの形は1頭1頭それぞれに異なる。この背びれの形を利用して、個体識別が行われ生態研究に役だてられている。（p.219）

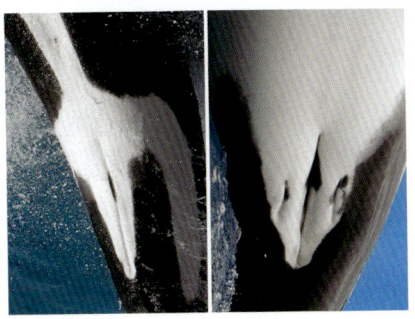

雄と雌●雄（左）と雌（右）の生殖器。雌の生殖溝の左右にある小さな溝に乳頭がおさまっている。

行動図鑑 ─ 2　Watching Guide 2

ホエール・ウォッチングのなかで、
クジラが海面にしぶきをあげる激しい行動を見せることも少なくない。
数十トンの巨体があげるしぶきや水音に、いったいどんな意味があるのだろう。

下半身投げ
Peduncle Slap

尾びれを
ふりまわすようにして、
下半身を海面上に
投げあげる行動。
ザトウクジラやシャチで
よく見られる。

ザトウクジラ●こうした行動の意味がすべてわかっているわけではないが、攻撃的な意味合いが強い。

シャチ●ボートが接近しすぎた場合にも見せることがあり、成獣が見せる場合には威嚇などの意味合いがあるようだ。写真は、子どもたちが遊びのなかで見せたもの。

尾びれたたき
Tail Slap

海面から高く突きあげた尾びれを、
力強くふりおりして
海面を打つ行動。
何度もくりかえして行う場合が多い。

ザトウクジラ●姿勢によって尾びれの背面で海面を打つこともあれば、腹面で打つこともある。

胸びれたたき
Pectoral Slap

海面で体を横だおしにして、海面から突きだした片方の胸びれで海面を叩く行動。ザトウクジラやシャチでよく観察される。

ザトウクジラ●長い胸びれをしならせて、海面にふりおろす。何度もくりかえし行われる。

ザトウクジラ●海面で背を下に浮かんで、左右の胸びれを海面から突きだしたザトウクジラ。左右の胸びれを交互に海面にふりおろす。

シャチ●水音を群れの仲間への何らかの合図にする場合もあれば、子ども同士の遊びのなかで頻繁に行われる場合もある。

シャチ●1頭のこの行動をきっかけに、ポッドが動きを変えるなど、仲間同士の合図になっている場合もあれば、威嚇のために行われる場合もある。

ミナミセミクジラ●夕暮れの海で何度もくりかえして行ったもの。水音を仲間への何らかの合図にしている場合もあれば、遊びと考えられる場合もある。

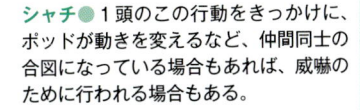

マイルカ科

コビレゴンドウ
Short-finned Pilot Whale, *Globicephala macrorhynchus*

- ●体長 雄▶最大7.2m／雌▶最大5.1m
- ●体重 雄▶最大3.9t／雌▶最大1.4t

世界の暖海に広く分布し、地域的な変異が著しい。
日本近海に生息するものでは、南方型が「マゴンドウ」、
北方型が「タッパナガ」と呼ばれる。

はりだした頭部● 頭部は丸みをおびるが、成長した雄では球状にいっそう大きくはりだす。上下の顎の前方だけにかたよって7〜9対の歯をもつ。（横浜・八景島シーパラダイス）

群れで● 数十頭から、ときには100頭をこえる群れで行動。主に頭足類を捕食。

オキゴンドウ
False Killer Whale, *Pseudorca crassidens*

- ●体長 雄▶最大6m／雌▶最大5.1m
- ●体重 雄▶最大2t／雌▶最大1.1t

世界の暖海に広く分布。数十頭から、
ときに100頭をこえる群れで行動、イカなどの頭足類のほか、
シイラやマグロなど大型魚を捕食する。

紡錘形の頭部● ゴンドウクジラ類は海上で見ると互いによく似るが、頭部の形が識別の手がかりになる。本種では頭部が紡錘形。（南知多ビーチランド）

胸びれ● 本種の胸びれは、前縁が"肩"のような角っぽさをもつのが特徴になる。（太地町立くじらの博物館）

カズハゴンドウ
Melon-headed Whale, *Peponocephala electra*

- 体長 最大2.75m
- 体重 最大275kg

世界の暖海に広く分布。ゴンドウクジラ類のなかでは
ユメゴンドウとともに小型種。
上下の顎に20〜25対の歯をもち、名前の「数歯」は、
ほかのゴンドウクジラ類より歯が多いことにちなむ。

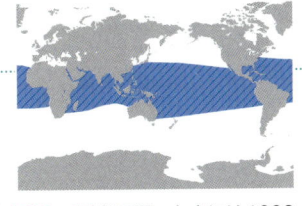

大きな群れで●数百頭、ときには1000頭をこえる群れで行動。イカや群集性の小魚を捕食する。（小田健治）

尖る吻●他のゴンドウクジラ類にくらべ、吻端が尖るのが本種の大きな特徴になる。胸に淡色の錨形の模様がある。（小田健治）

ユメゴンドウ
Pygmy Killer Whale, *Feresa attenuata*

- 体長 最大2.3m
- 体重 最大225kg

世界の暖海に広く分布。シイラなどの魚類やイカを捕食するが、
ときに他のイルカを襲うことも知られている。
群れは多くても数十頭程度。
歯は上顎に8〜11対、下顎に11〜13対。

白い唇●カズハゴンドウに似るが、本種では吻端が丸みをおびること、唇が白いことで識別できる。（下関市立しものせき水族館「海響館」）

白い腹部●腹部は白い帯が前後にのびるが、下腹部で広く目だつ。

マイルカ科

ハンドウイルカ（バンドウイルカ）
Bottlenose Dolphin, *Tursiops truncatus*

● 体長 最大3.9m　● 体重 最大650kg

熱帯から冷温帯の沿岸部に広く分布し、地域による変異が大きい。亜種として、太平洋に生息するものは *T.t.gilli*、黒海に生息するものは *T.t.ponticus* に分類される。

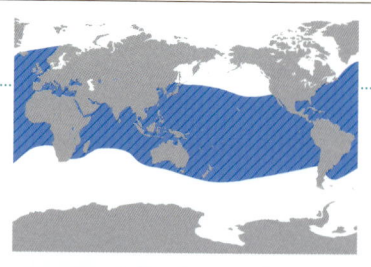

もっとも知られるイルカ●水族館でもっともよく飼育されるイルカである。沿岸では数頭〜数十頭、沖合では数百頭の群れで行動。

歯●吻は、ほかのイルカに比べて太い。上下の顎に、18〜26対の円錐形の歯が並ぶ。

腹びれイルカ●2006年10月、和歌山県太地町沖で腹びれをもつハンドウイルカが捕獲された。太地町立くじらの博物館で飼育されていた。

海底で捕食●世界の各地に生息するハンドウイルカは、それぞれの海で利用できる餌生物にあわせて、独自の採餌生態を発達させた。バハマ諸島周辺では、海底の砂中に潜む小魚を掘りだして捕食する。

潟に乗りあげて●アメリカ東海岸サウスカロライナ州の沿岸には、潮汐水路が網の目のようにのびる。ここにすむハンドウイルカは、ボラなどの魚を潟の上に追いたて、自分自身も潟に乗りあげて捕食する珍しい行動を見せる。

マイルカ科

ミナミハンドウイルカ
Indo-Pacific Bottlenose Dolphin, *Tursiops aduncus*

●体長 最大2.6m ●体重 最大230kg

西部太平洋からインド洋にかけての、
熱帯から温帯の沿岸域に生息。
ハンドウイルカに似るが、
吻が細長く、体もいくぶん小さい。
日本では小笠原諸島、御蔵島、
九州沿岸で頻繁に観察される。

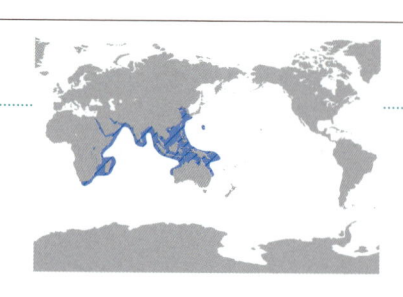

胎児しわ●生まれて間もない子イルカ。体側に胎児しわ（母親の胎内にいたときの名残）が刻まれている。

腹部の黒斑●成長すると腹部に黒い小斑が現れ、さらに歳を重ねるにつれ、体側にも現れはじめる。

授乳●クジラやイルカの仲間は泳ぎながら授乳を行わなければならないため、母親は乳腺のまわりの筋肉の力で、数秒のうちに乳を注ぎこむ。

ハコフグと遊ぶ●ハコフグをくわえては放す。捕食するわけではない魚類と遊ぶ行動は、何種かのイルカで観察されている。(南俊夫)

死んだ子イルカ●死んだ子イルカを吻に乗せて運ぶ母イルカ。(平田五寿芽)

マイルカ科

マイルカ
Short-beaked Common Dolphin, *Delphinus delphis*

- 体長　雄 ▶ 最大2.6m ／ 雌 ▶ 最大2.3m
- 体重　最大135kg

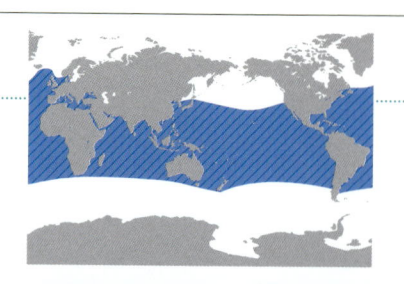

世界の熱帯から温帯にかけての海洋に広く分布。日本では高知沖や九州沿岸で観察機会も多い。しばしば船のへさきがつくる波に乗って泳ぐ。

群れで ● 数百〜数千頭の群れをつくる。日中は大きな群れを形成、夜間は小群にわかれて群集性の小魚やイカを中心に捕食。

砂時計模様 ● 体側前方の黄色みをおびた部分と、体側後方から尾柄にかけての淡灰色の部分が、砂時計に似た模様を形づくる。

アクロバティックなジャンプ ● 群れで移動中、頻繁に海上に跳躍し、さまざまなアクロバティックなジャンプを見せる。

呼吸●高速で泳ぎながら、呼吸のために海面を割って浮上する。

魚群を追う●濃密なイワシの群れを追うマイルカたち。

ハセイルカ
Long-beaked Common Dolphin, *Delphinus capensis*

- ●体長 雄▶最大2.6m／雌▶最大2.3m
- ●体重 最大135kg

かつてはマイルカと同種とされていたが、近年は別種として分類される。東南アジアからインド洋にかけて別の亜種（「ネッタイマイルカ」と呼ばれる）が生息する。

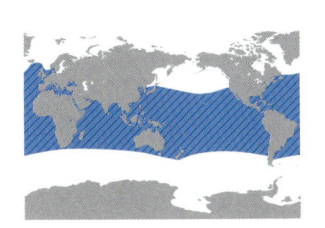

細長い吻●マイルカにくらべて吻は細長く、体もいくぶん細身である。（大分マリーンパレス「うみたまご」）

マイルカ科

ハシナガイルカ
Spinner Dolphin, *Stenella longirostris*

- 体長 雄▶最大2.4m／雌▶最大2.1m
- 体重 最大78kg

世界の熱帯から亜熱帯にかけて広く分布。地域によって変異が大きく、研究が進んでいる東部太平洋だけでも、コスタリカ型、イースタン型、ホワイトベリー型、ハワイ型が知られる。

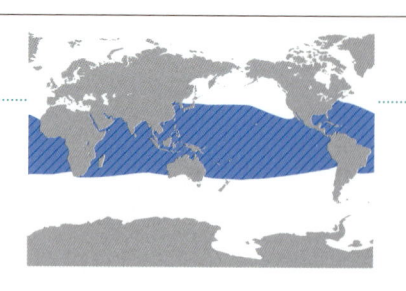

スピンジャンプ●空中にジャンプすると、体の軸を中心にすばやく回転（スピン）させる。英名のSpinner Dolphinはこの行動から名づけられた。

子イルカ●わずかに胎児しわを残す子イルカ。

入江で●夜間は沖合で小群に分散して採餌を行い、日中は沿岸の穏やかな場所で休息と社会行動に費やす。

ハワイ諸島●ハワイ型のハシナガイルカ（左ページのものはすべて小笠原諸島に生息するもの）。下の個体の腹側の傷はダルマザメの噛跡。

スジイルカ
Striped Dolphin, *Stenella coeruleoalba*

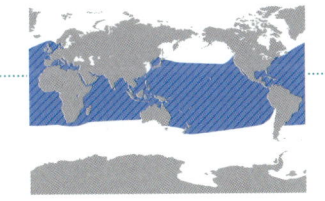

- 体長 最大2.6m
- 体重 最大150kg

世界の暖海に広く分布。吻から目を横切る黒い線が目だつ。数百頭の群れをつくるが、そのなかで年齢や性によってそれぞれ小群を形成する。

縞模様●吻からのびる黒い線は、1本は目を横切って後方へ肛門近くまでのび、もう1本は目の直前で分岐して胸びれにつながる。（小田健治）

ジャンプ●速く移動するときには、群れで活発にジャンプして泳ぐ。

マイルカ科

マダライルカ
Pantropical Spotted Dolphin, *Stenella attenuata*

- ●体長 雄▶2.6m／雌▶2.4m
- ●体重 最大120kg

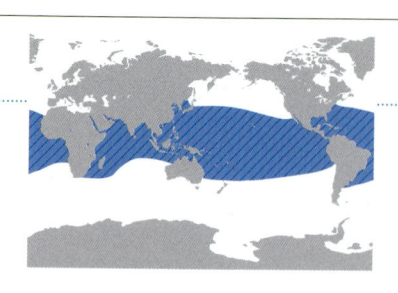

世界の熱帯、亜熱帯域に広く分布。研究が進んでいる東部太平洋だけでも、外洋に生息するもの、ハワイ諸島周辺に生息するもの、メキシコからペルーにかけて生息する3つの亜種が知られている。

白い吻端●成熟した個体の吻端は白く、呼吸のために海面に浮上するときには、吻端の白が目だつ。

斑模様●成熟個体には、暗色の背には細かな白斑、明色の体側〜腹部には細かな黒斑が現れる。

体色の境界●タイセイヨウマダライルカ（p.186）と似るが、背の暗色と腹部の明色の境界線が、本種のほうがより明瞭に見える。

若い個体●未成熟個体は体にまだ斑点が現れない。やがて歳とともに斑模様が増えていく。

船とともに●船のへさきがつくる波や曳き波に乗って泳ぐことが多い。

マイルカ科

タイセイヨウマダラインルカ
Atlantic Spotted Dolphin, *Stenella frontalis*

- 体長 最大2.3m
- 体重 最大140kg

大西洋の熱帯から温帯域に分布。
マダライルカ（p.184）と同様、幼い個体には斑模様がなく、成長とともに明色の腹部に黒斑が、その後暗色の背に白斑が現れる。

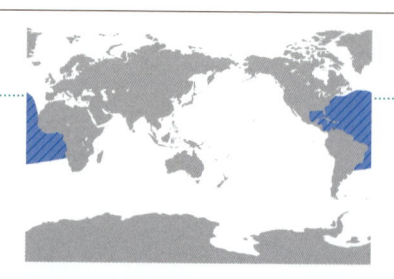

母子 ● 幼い子どもを母親が背に乗せて運ぶ。子イルカは、生まれて2〜3年は母親に寄りそってすごす。

子どもたちの群れ ● 3〜4歳になった子どもたちは、母親から離れ、同じ世代の子どもたちといっしょにすごすことが多くなる。一部の個体には、すでに腹部に黒斑が現れはじめている。

雄たちの群れ ● 成長した雄同士がつくる群れ。すべての個体が、体いっぱいに斑模様を散らしている。

採餌 海底の砂地に潜む小魚を掘りだして食べる。

夜の海で●エコロケーションの能力を使って、夜の海でトビウオを追う。

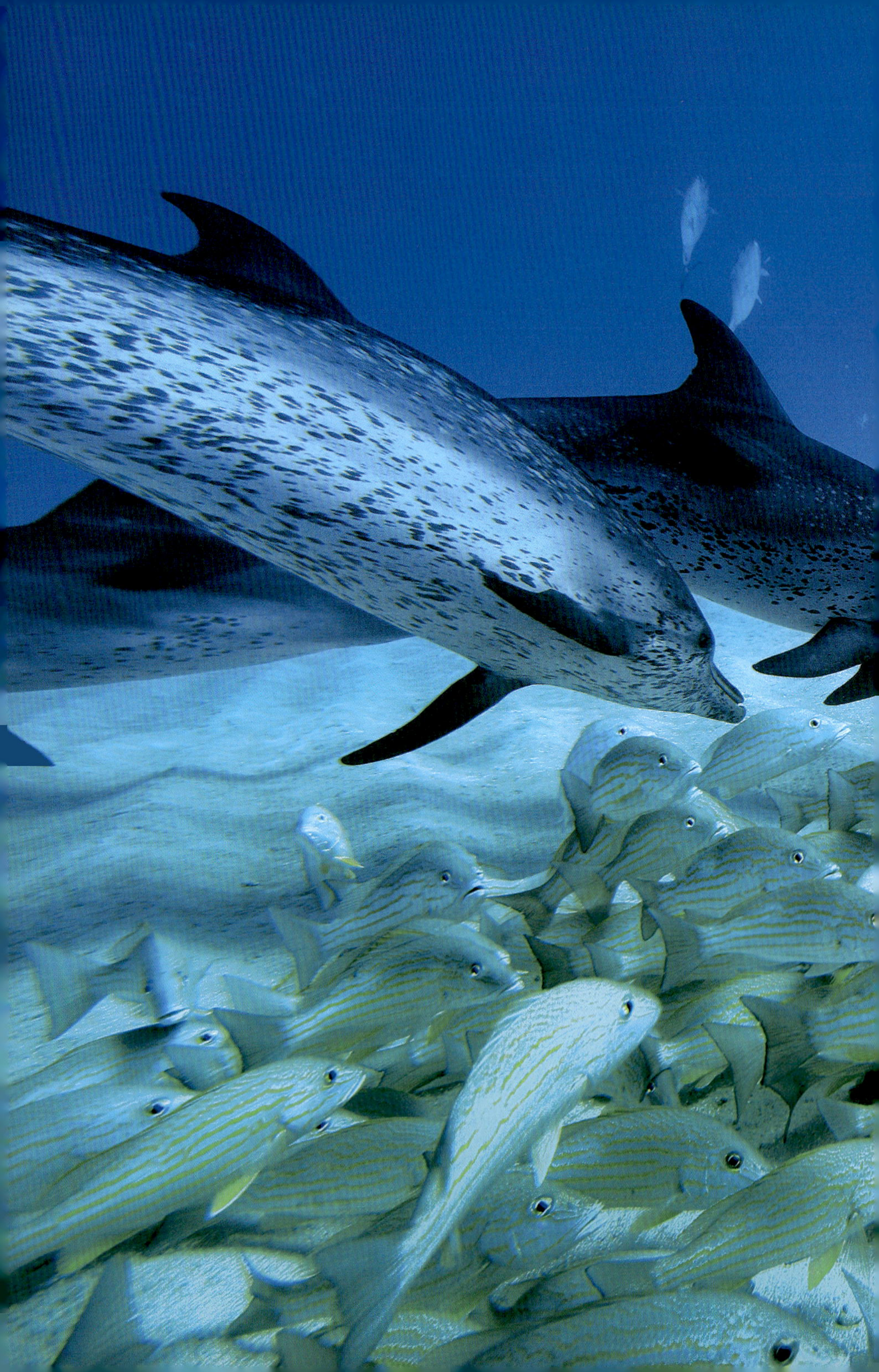

バハマ諸島で魚群に集まるタイセイヨウマダライルカ。沿岸にすむ個体は、沖合にすむ個体に比べて、大きめの魚種まで捕食する。

マイルカ科

ハナゴンドウ
Risso's Dolphin, *Grampus griseus*

● 体長 最大3.8m　● 体重 最大500kg

世界の熱帯から温帯の海洋に広く分布。
体は、腹部をのぞいて濃い灰色だが、成長とともに
白い掻き傷や斑模様でおおわれ、
歳をとった個体では体全体が白っぽく見える。

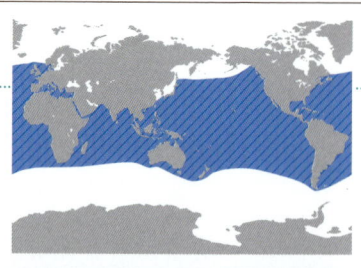

背びれ● 海上では、近ければ体表の傷で、遠ければ高く大きい、鎌型あるいは三角形の背びれで識別できる。

歯● メロンの中央に、縦に凹みがある。歯（2〜7対）は下顎の前方だけにある。（横浜・八景島シーパラダイス）

ブリーチ● ときおり海面に体を躍らせる。胸から腹部にかけて特徴的な白い模様が見られる。（米田将文）

シワハイルカ
Rough-toothed Dolphin, *Steno bredanensis*

- ●体長 最大2.8m　●体重 最大150kg

世界の熱帯から温帯域に広く分布。
吻から頭部にかけて境界がなく、
なめらかに続く。
歯の表面に縦じわ（隆起線）があり、
和名および英名はこの特徴にちなむ。

なめらかな額●吻のつけ根に段差がないので識別はたやすい。

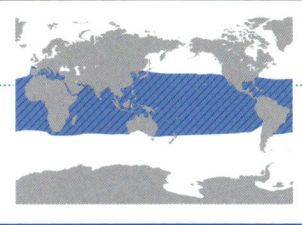

小群で●たいていは数頭〜十数頭ですごす。体表には他の個体やダルマザメによる噛跡（p.183）が多い。（川本剛志）

シナウスイロイルカ
Indo-Pacific Humpback Dolphin, *Sousa chinensis*

- ●体長　雄▶最大3.2m／雌▶最大2.5m
- ●体重 最大280kg

東南アジアからオーストラリア、インド洋にかけての
沿岸域に分布。生息する地域によって変異が大きい。
子どもは白っぽく、成長するにつれて、
背はいくぶん赤みをおびた鉛色に変わる。

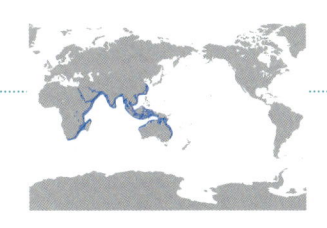

河川でも●本種は河川やマングローブにも入りこむ。もりあがる背びれが特徴になる。

中国沿岸で●中国沿岸に生息する個体は、成長すると全身がピンクになる。（米田将文）

行動図鑑 — 3　　Watching Guide 3

イルカたちの水中観察が盛んになるにつれ、
彼らが海のなかで行うさまざまな行動が観察、記録されるようになった。
こうした行動のいくつかは、ときに知性の片鱗を垣間見せる。

泡だし
Bubbling

イルカの仲間は、海のなかで噴気孔から息を吐きだす行動を頻繁に見せるが、その意味合いはそれぞれに異なる。

タイセイヨウマダライルカ●小さな気泡を連続的に出す。このときイルカはホイッスル音（ビュウビュウと聞こえる澄んだ声 p.215）を出していることが多く、仲間と泳いだり、ダイバーに興味をもって接近したときに見せる。

ベルーガ●島根県立しまね海洋館「アクアス」で飼育されているベルーガ（シロイルカ）は、噴気孔から吐き出す空気できれいなバブルリングをつくる。

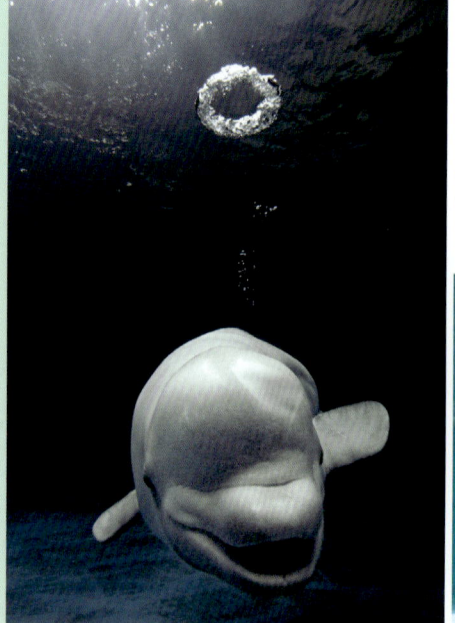

ハンドウイルカ●体を沈めるときの浮力調節や、威嚇のために、噴気孔から勢いよく空気を吐き出すことがある。

ラビング
Rubbing

クジラやイルカの仲間は
しばしば、浅海の海底や
プールの壁に
体をこすりつける。
この行動は、体表の寄生虫や
古い皮膚を落とすためと
考えられている。

ハンドウイルカ●海底の海藻に体をこすりつける。イルカは接触刺激を楽しむことが多い。

シャチ●カナダ、ジョンストン海峡に定住するシャチが好んで訪れる浜で。海底の小石に丹念に体をこすりつける。

海藻遊び
Playing with Kelp

クジラやイルカの仲間は、
海中や海面で見つけることができる
たいていのものを遊び道具にするが、
その筆頭は海藻の切れ端だろう。
くわえて運んだり、体にひっかけて泳ぐ。

タイセイヨウマダライルカ●ホンダワラの切れ端をくわえて運ぶ。仲間同士でキャッチボールのように受け渡しをすることもある。

シャチ●海藻（ブルケルプ）の林に入りこみ、背びれで海藻の茎をひっかけて遊ぶ雄のシャチ。

マイルカ科

カマイルカ
Pacific White-sided Dolphin, *Lagenorhynchus obliquidens*

● 体長 最大2.5m　● 体重 最大180kg

北太平洋の冷温帯域に生息。
北日本の近海で頻繁に観察される。
カマイルカ属は共通して、吻が短く、
背びれが大きく目だつ。
数百〜数千頭の大群を形成する。

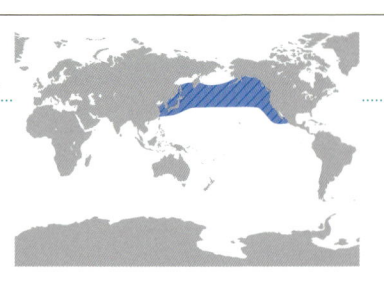

鎌形の背びれ● 背びれが大きく、後ろに反った鎌形。体側の黒と白の模様は、海中でも互いに目だちやすい。

授乳● 授乳中のカマイルカの親子。（鴨川シーワールド）

歯● 上下の顎に23〜36対の、尖った歯が並ぶ。主に群集性の小魚を捕食する。

船とともに●船のへさきがつくる波や曳き波に乗って泳ぐことが多い。

派手なジャンプで●群れでの移動中、派手なジャンプを頻繁に見せる。(米田将文)

マイルカ科

ハラジロカマイルカ
Dusky Dolphin, *Lagenorhynchus obscurus*

● 体長 最大2.1m　● 体重 最大80kg

南米の南部沿岸、南アフリカ、
ニュージーランド沿岸に生息。
数百〜1000頭ほどの群れを形成。
背びれ後方から尾のつけ根にかけて、
体側下部に白い三日月形の模様が特徴になる。

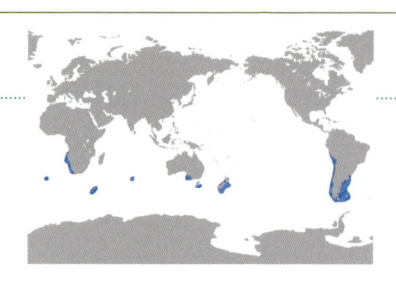

宙返り●宙返りやハイジャンプなど、アクロバティックな行動をくりかえし行うことが多い。

島影で●日中は島影の穏やかな場所で休息や社会行動に費やし、夜には沖合で分散して採餌に費やす。

早朝●夜、沖合での採餌を終えて、大きな群れにまとまりながら沿岸に接近する。

ボラの群れを襲う●数頭のイルカがボラの群れのまわりをめまぐるしく泳ぎながら、群れからはぐれた魚を捕食する。

めまぐるしい泳ぎ●カマイルカの仲間は、ダイバーに対してもまわりをめまぐるしく泳ぎまわる。

マイルカ科

タイセイヨウカマイルカ
Atlantic White-sided Dolphin, *Lagenorhynchus acutus*

- ●体長 雄▶最大2.8m／雌▶最大2.5m
- ●体重 雄▶最大230kg／雌▶最大180kg

北大西洋の冷寒帯域に生息。
カナダ東海岸、アメリカ東海岸のマサチューセッツ州、メイン州の沿岸でしばしば観察される。腹部前方の白と、尾柄から前方にのびるくさび形の淡色の模様が特徴。

ジャンプ●数頭～数百頭の群れで泳ぎ、頻繁にジャンプを見せる。群集性の小魚やイカを中心に補食する。(Richard Sears)

座礁●イギリス北部のオークニー諸島の海岸に座礁した個体。(Peter Raynolds/FLPA/Minden Pictures)

ハナジロカマイルカ
White-beaked Dolphin, *Lagenorhynchus albirostris*

- ●体長 雄▶最大3.1m／雌▶最大2.8m
- ●体重 雄▶最大350kg／雌▶最大310kg

北大西洋の亜寒帯域に分布。
上記タイセイヨウカマイルカと分布域を重ならせるため、混同しやすいが、本種では背びれの後方が白いことで海上でも識別できる。

ずんぐりした体型●カマイルカ類のなかではずんぐりとした体型。背びれはこのグループに共通して大きく目だつ。(Richard Sears)

ジャンプ●ジャンプなど派手な行動を頻繁に見せる。(Richard Sears)

ミナミカマイルカ
Peale's Dolphin, *Lagenorhynchus australis*

- ●体長 最大2.1m　●体重 最大115kg

アルゼンチン、チリの南部や
フォークランド諸島の沿岸域に分布。
同じ海域では類似種ハラジロカマイルカ（p.196）が観察される。
ハラジロカマイルカは顔が白いのに対して、
本種では顔全体が黒い。

●フォークランド諸島

内湾で● 内湾や水路など岸近くに生息。とくに海藻の茂みの近くでよく観察される。

船とともに● 船のへさきがつくる波や曳き波に乗って泳ぐことが多い。

ダンダラカマイルカ
Hourglass Dolphin, *Lagenorhynchus cruciger*

- ●体長 1.8m　●体重 資料なし

南極大陸をとりまくように、
南半球の高緯度海域に分布。
観察例の多くは、
南極へ行き来する
船上からのもので、
類似する模様の種が
同じ海域にいないため、
同定はたやすい。

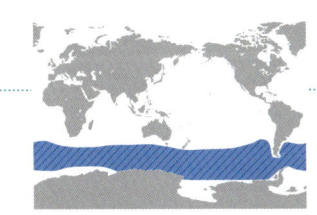

砂時計模様● 英名のHourglassは砂時計を意味する。体側の白い部分が砂時計模様を形づくる。（Paul Ensor/Hedgehog House/Minden Pictures）

マイルカ科

セミイルカ
Northern Right Whale Dolphin, *Lissodelphis borealis*

- ●体長 雄▶最大3.1m／雌▶最大2.8m
- ●体重 最大115kg

北太平洋の温帯から寒帯域に分布。体は細長く、背びれをもたない（英名は、背びれをもたないセミクジラRight Whale p.150にちなむ）。同様の体型の鯨類がいないため同定はたやすい。

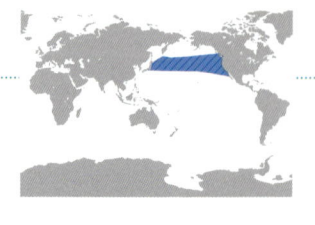

体色●ほぼ全身が黒褐色だが、腹面で下顎から尾びれまで白い帯がのびる。この白帯は、胸びれの下だけ体側まで広がる。

群れで●数百頭、ときには1000頭をこえる群れをつくる。カリフォルニア沿岸ではカマイルカ（p.194）との混群をつくることがある。

シロハラセミイルカ
Southern Right Whale Dolphin, *Lissodelphis peronii*

- ●体長 最大3m
- ●体重 大きいものでは100kgをこえる

南半球の温帯から寒帯域に分布。
上記セミイルカと同様の細長い体で、背びれをもたない。
背面は黒いが、腹部の白が体側まで広がり、
吻とメロンの前部、胸びれも白い。

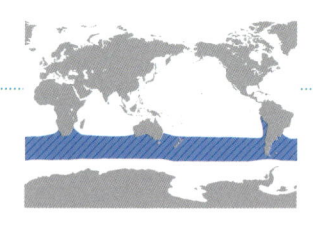

高速で●ときに20ノット（時速36〜37km）で泳ぐ。南半球に生息する本種は、ハラジロカマイルカとの混群をつくることがある。(Dennis Buurman)

コビトイルカ
Tucuxi, *Sotalia fluviatilis*

- ●体長 沿岸のもので最大2.1m、河川のもので最大1.6m
- ●体重 大きいもので40kgをこえる

南アメリカ大陸北東部沿岸、およびアマゾン川、オリノコ川流域に分布。
河川ではアマゾンカワイルカ（p.208）とともに観察されるが、本種のほうが本流や深い場所を好む。

幅広の胸びれ●沿岸ではハンドウイルカと似るが、本種では胸びれが広く、背びれが低い三角形。（Flip Nicklin/Minden Pictures）

赤い腹部●ボートや船が近くを通るとジャンプをすることが多く、喉から腹部にかけてはピンクがかって見える。

カワゴンドウ（イラワジイルカ）
Irrawaddy Dolphin, *Orcaella brevirostris*

- ●体長 雄▶最大2.7m／雌▶最大2.3m
- ●体重 最大130kg

東南アジアからオーストラリアにかけての沿岸域と一部の河川に分布。吻が目だたず、ベルーガ（シロイルカ p.166）に似ており、以前はイッカク科に分類された。

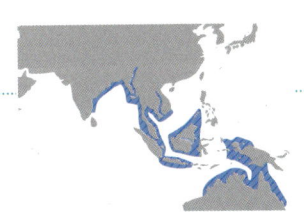

長い胸びれ●胸びれは体の割には大きい。（マリンワールド海の中道）

河川で●メコン川等のインドシナやボルネオの河川にも生息するが、河川での生息域の縮小や混獲で個体数は激減している。（斎野重夫）

マイルカ科

サラワクイルカ
Fraser's Dolphin, *Lagenodelphis hosei*

- 体長 最大2.7m
- 体重 最大270kg

世界の熱帯、亜熱帯の海域に分布。
ただし外洋に生息し、沿岸域に接近しない。
吻は短く、吻上から目を通って
体側に黒灰色の帯が目だつ。
胸びれや背びれは体の割に小さい。

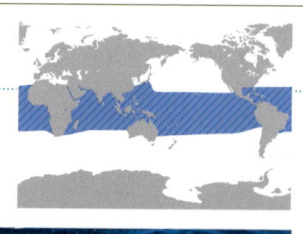

個体変異 ● 体色の濃淡や、模様の濃さに個体変異が大きい。（斎野重夫）

海上で ● スジイルカと混同しやすいが、本種では吻が短いこと、体側の黒帯が太いことで識別できる。カズハゴンドウ（p.175）との混群も観察されている。（田中美一）

セッパリイルカ
Hector's Dolphin, *Cephalorhynchus hectori*

- 体長 最大1.6m
- 体重 最大60kg

ニュージーランドの固有種。北島の西岸と南島沿岸に生息。
黒く丸い背びれが特徴。分布域が狭いことと、
刺し網漁による混獲により、現在の推定個体数は
2000〜2500頭程度。

ニュージーランド

サンクチュアリ ● 集中して生息する南島のバンクス半島周辺は1988年にサンクチュアリに指定され、刺し網漁が制限されるようになった。

小群で ● たいていは数頭の小群で観察される。噴気孔の後方に、頭部を囲むような弧状の黒い模様がある。

コシャチイルカ
Heaviside's Dolphin, *Cephalorhynchus heavisidii*

●体長 最大1.7m　●体重 75kg

アフリカ南部の西岸沿岸にのみ分布。
頭部から体側、尾柄まで暗色だが、
胸びれの前、左右の胸びれの付け根、および腹部と、
4か所にわかれた白い模様がある。

アフリカ

背と背びれ●背は前半がいくぶん淡色で、後半および背びれは濃い青黒色。（高縄奈々）

食性●沿岸の魚類や頭足を補食。餌生物のなかには底生の種も含まれる。（高縄奈々）

腹部の白●腹部の白い部分は後方にむかって3方向にわかれ、正中線では生殖孔へ、また両体側にむけてのびる。その模様がシャチ（p.170）の模様を思わせる。（高縄奈々）

マイルカ科

イロワケイルカ
Commerson's Dolphin, *Cephalorhynchus commersonii*

- ●体長 最大1.75m ●体重 最大86kg

南アメリカ南部、フォークランド諸島沿岸と、ケルゲレン諸島周辺のみに分布。ケルゲレン諸島周辺の個体は、南アメリカ沿岸の個体に比べてひとまわり大きい。

ケルゲレン諸島
フォークランド諸島

群れで●数頭〜十数頭の群れで行動。岸近くの海藻の茂みのまわりに集まることも多い。

船のそばで●船首波に乗って長くいっしょに泳ぐことは稀だが、ときおり船を追ったり、船べりに浮上したりする。

授乳●一般に子イルカの舌のまわりは、「フリンジ」と呼ばれるひだ状のもので囲まれ、水中でしっかりと母親の乳首をつつみこめるようになっている。（鳥羽水族館）

尖った歯●顔と尾のつけ根、背びれとそのまわりが黒く、体側は白い。上下の顎に、28〜35対の尖った歯をもつ。（鳥羽水族館）

ネズミイルカ科

ネズミイルカ
Harbor Porpoise, *Phocoena phocoena*

- ●体長 最大2m ●体重 最大70kg

北半球の温帯から亜寒帯の沿岸域に広く分布。
数頭で行動することが多いが、背の一部と
低い三角の背びれをときおり海面に見せるだけで、
海ではあまり目だたない。

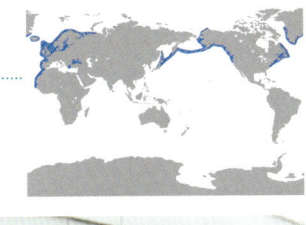

混獲●沿岸に生息するため、刺し網や定置網による混獲が少なくない。

水底を漁る●底生生物も頻繁に補食するからだろう。水族館の飼育個体でも水底を漁る行動を頻繁に見せる。(おたる水族館)

コガシラネズミイルカ
Vaquita, *Phocoena sinus*

- ●体長 最大1.5m ●体重 45〜50kg

メキシコ、カリフォルニア湾の北部(湾奥)のみに分布。
トトアバという魚の漁のための網による混獲があいつぎ、
現在400頭ほど。鯨類のなかで
絶滅にもっとも近い種のひとつ。

混獲●トトアバ漁の網にひっかかって死んだ子イルカ。まだ胎児しわを残している。(Flip Nicklin/Minden Pictures)

ネズミイルカ科

イシイルカ
Dall's Porpoise, *Phocoenoides dalli*

● 体長 最大2.2m　● 体重 最大200kg

北太平洋の冷水域に広く分布するイシイルカ型と、北日本からオホーツク海にかけて分布するリクゼンイルカ型が知られる。ともに三角形の背びれの、先端が白いことが海上での目だつ特徴になる。

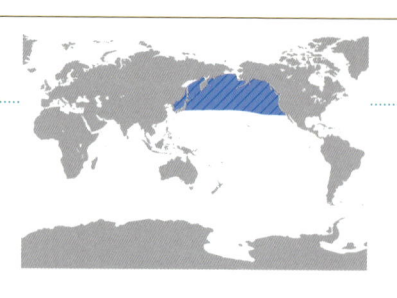

力強い泳ぎ● 完全に海上にジャンプすることはないが、勢いよく海面を割って浮上するときに、激しい水しぶきをあげる。

リクゼンイルカ型● 体側の白い部分が、胸びれとほぼ同じ位置からはじまる。北海道釧路沖にて。

イシイルカ型● 体側の白い部分が、胸びれの少し後方からはじまる。東南アラスカにて。

スナメリ
Finless Porpoise, *Neophocaena phocaenoides*

- 体長 最大1.5m
- 体重 最大70kg

西部太平洋からインド洋にかけての沿岸域に分布。
日本では外房沿岸、伊勢湾、瀬戸内海、
天草などで観察される。
中国の揚子江（長江）に独立した個体群が生息。

しなやかな体●しなやかな体や首を自在に動かすことができる。また背の正中線にそって隆起が連なるが、背びれはない。（下関市立しものせき水族館「海響館」）

揚子江のスナメリ●日本で見られるものよりずんぐりとして黒い。日本近海に生息するものを*N.p.sunameri*、東南アジア沿岸に生息するものを*N.p.phocaenoides*、揚子江に生息するものを*N.p. asiaeorientalis*と3亜種に分類される。(The Institute of Hydrobiology of the Chinese Academy of Sciences)

泡だし●水族館で飼育されるスナメリが、遊びの最中、吐きだす泡できれいな空気の輪をつくることがある。（下関市立しものせき水族館「海響館」）

アマゾンカワイルカ科

アマゾンカワイルカ
Amazon River Dolphin (Boto), *Inia geoffrensis*

- **体長** 雄 ▶ 最大2.8m／雌 ▶ 最大2.3m
- **体重** 最大160kg

南アメリカのアマゾン川とオリノコ川流域に生息。
若い個体は背が濃灰色だが、成長するにつれて、
全身がピンクに変わる。
他の鯨類と異なり頸椎が癒合しないために、
首を自在に動かすことができる。

自在に形を変えるメロン● 丸みのあるメロンは自在に形を変えるとともに、水中で多彩な声を発する。(Kevin Schafer/Minden Pictures)

細長い吻● 上下の顎に23〜35対の歯をもつ。ハクジラ類では珍しく、顎の前のほうの歯（円錐形）と奥の歯（噛みつぶすために杭状）で形が異なる。(Kevin Schafer/Minden Pictures)

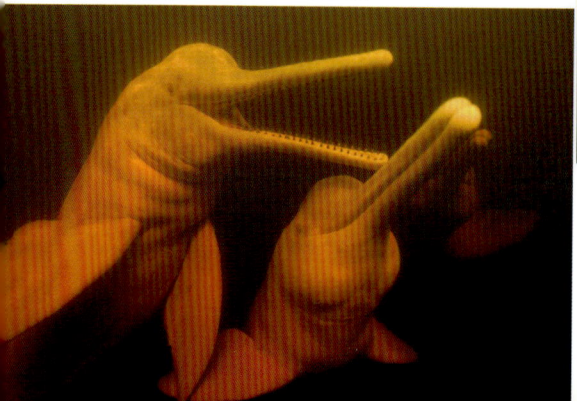

森の中● 雨期には水没した森のなかを泳ぎまわる。

クジラ・イルカを
よく知るために
Understanding Whales and Dolphins

クジラやイルカの行動や生態をより深く理解するために、
いったい何ができるか。
その現状を理解すれば、
彼らをとりまく危機もまた浮かびあがってくる。

クジラ・イルカをよく知るために　Understanding Whales and Dolphins

世界でホエール・ウォッチングができる主な場所
Whale Watching Locations in the World

●アイスランド
▶6〜8月
ザトウクジラ、
ナガスクジラ、
ミンククジラ、
シャチ他

●ノルウェー
▶10〜12月
シャチ

●地中海
▶5〜10月
ナガスクジラ、マイルカ、
スジイルカ、ハンドウイルカ他

●グアム島
▶通年
ハシナガイルカ、
ミナミハンドウイルカ

●香港
▶通年
シナウスイロイルカ

●アゾレス諸島
▶5〜10月
マッコウクジラ、
シロナガスクジラ、
イワシクジラ、
コビレゴンドウ、
ハナゴンドウ、
マイルカ、
スジイルカ他

●スリランカ
▶1〜4月
シロナガスクジラ、
ニタリクジラ、マッコウクジラ
▶通年
ハシナガイルカ、
ハンドウイルカ他

●パース周辺
▶9〜11月
ザトウクジラ
▶通年
ハンドウイルカ

●南オーストラリア沿岸
▶7〜9月
ミナミセミクジラ
▶通年
ハンドウイルカ

●ヴィクトリア州沿岸
▶7〜9月
ミナミセミクジラ
▶通年
ハンドウイルカ

●南アフリカ南岸
▶7〜10月
ミナミセミクジラ
▶通年
ハンドウイルカ、コシャチイルカ

●ブリスベン、ケアンズ周辺
▶8〜10月
ザトウクジラ
▶6〜7月
ミンククジラ
▶通年
ハンドウイルカ

- ●アラスカ太平洋岸の沿岸水路
  ▶6～9月
  ザトウクジラ
  ▶通年
  シャチ、イシイルカ、ネズミイルカ

- ●カナダ、バンクーバー島周辺
  ▶通年
  シャチ、ミンククジラ、イシイルカ、ネズミイルカ

- ●ハドソン湾チャーチル
  ▶6～7月
  ベルーガ

- ●カリフォルニア沿岸
  ▶5～9月
  シロナガスクジラ、ザトウクジラ
  ▶12～4月
  コククジラ
  ▶通年
  コビレゴンドウ、ハナゴンドウ、マイルカ、カマイルカ、ハンドウイルカ、ネズミイルカ他

- ●カリフォルニア湾
  ▶2～4月
  シロナガスクジラ、ザトウクジラ
  ▶通年
  ナガスクジラ、ニタリクジラ、シャチ、コビレゴンドウ、マイルカ、ハンドウイルカ他

- ●カナダ、ニューファンドランド島周辺
  ▶6～9月
  ザトウクジラ、ナガスクジラ、ミンククジラ、ヒレナガゴンドウ、タイセイヨウカマイルカ、ネズミイルカ

- ●カナダ、ファンディ湾
  ▶6～9月
  タイセイヨウセミクジラ、ザトウクジラ、ナガスクジラ、ミンククジラ、ヒレナガゴンドウ、ネズミイルカ

- ●アメリカ、コッド岬沖
  ▶4～10月
  ザトウクジラ、ナガスクジラ、ミンククジラ、タイセイヨウカマイルカ、ネズミイルカ他

- ●ハワイ諸島
  ▶1～4月
  ザトウクジラ
  ▶通年
  コビレゴンドウ、オキゴンドウ、ハシナガイルカ、マダライルカ、ハンドウイルカ他

- ●バハマ諸島
  ▶通年
  タイセイヨウマダライルカ、ハンドウイルカ

- ●トンガ
  ▶7～10月
  ザトウクジラ

- ●ブラジル、マナウス周辺
  ▶通年
  アマゾンカワイルカ、コビトイルカ

- ●ベイ・オブ・アイランズ周辺
  ▶通年
  マイルカ、ハンドウイルカ

- ●コスタリカ
  ▶通年
  ザトウクジラ、ニタリクジラ、コビレゴンドウ、ハンドウイルカ、ハシナガイルカ、マダライルカ他

- ●アルゼンチン、バルデス半島
  ▶7～10月
  ミナミセミクジラ
  ▶3～4月
  シャチ
  ▶通年
  ハラジロカマイルカ

- ●カイコウラ
  ▶通年
  マッコウクジラ、ハラジロカマイルカ、セッパリイルカ

クジラ・イルカをよく知るために　Understanding Whales and Dolphins

日本でホエール・ウォッチングができる主な場所
Whale Watching Locations in Japan

●室蘭(噴火湾)
▶5〜8月
ミンククジラ、コビレゴンドウ、
イシイルカ、カマイルカ

●天草
▶通年
ミナミハンドウイルカ

●高知県中西部
▶4〜10月
ニタリクジラ、
ハナゴンドウ、
マイルカ

●羅臼
▶4〜10月
ミンククジラ、ツチクジラ、
マッコウクジラ、シャチ、
イシイルカ、カマイルカ

●久米島
▶1〜4月
ザトウクジラ

●銚子
▶4〜12月
ハナゴンドウ、カマイルカ、
スナメリ

●沖永良部島
▶1〜4月
ザトウクジラ

●御蔵島
▶4〜11月
ミナミハンドウイルカ

●室戸
▶通年
マッコウクジラ、
ハナゴンドウ、
ハンドウイルカ、
マイルカ

●那智勝浦
▶4〜9月
マッコウクジラ、コビレゴンドウ、オキゴンドウ、
ハナゴンドウ、ハンドウイルカ、スジイルカ

●笠沙
▶4〜10月
ニタリクジラ、
ハシナガイルカ

●小笠原諸島
▶1〜4月
ザトウクジラ
▶4〜11月
マッコウクジラ
▶通年
ミナミハンドウイルカ、
ハシナガイルカ

●座間味、渡嘉敷
▶1〜4月
ザトウクジラ

212

ホエール・ウォッチングに準備したいもの
Whale Watching Items

●酔いどめの薬

自動車では酔わない人でも、船酔いをすることは少なくないため、ぜひ用意しておきたい。なかには眠くなったり、平衡感覚が鈍くなる場合もあり、服用した場合には揺れる船上で注意を要する。

●防水具および防寒具

ホエール・ウォッチングの船は、けっして大きな観光船ではない。船室の外に出て観察する時間も多く、しぶきをあびることも少なくない。雨具とともに、カメラや双眼鏡などが濡れないようなビニル袋等を用意したい。海上の風は、思いのほか冷たいので、暖かめの服装が安全だ。

●日焼けどめと帽子

ホエール・ウォッチング船には、屋根のないものもある。曇りの日でも、海上の紫外線は強い。ましてや夏の晴天時には、日やけどめと帽子は必須になる。

●望遠レンズをつけたデジタル一眼レフカメラ

波に揺れる船の上で望遠レンズを使用すると、写真はいっそうぶれやすい。自分の安全も含め、船の便利な場所を利用して体をささえ、しっかりとカメラをかまえたい。最近は、手ぶれ補正機構がついたカメラやレンズも多く、手ぶれを防ぐうえでたいへん便利なものだ。一般的には300mmまでのレンズが妥当だろう。

●ビデオカメラ

望遠レンズをつけたカメラで、海上のクジラの姿をはっきりと撮影するのは、相当にカメラを使い慣れる必要がある。カメラの使用にあまり慣れていない人なら、ビデオカメラで撮影したほうが、あとから見て楽しく、役だつ映像を撮影できる。近年のビデオカメラには、効果的な手ぶれ補正機構が搭載されている。揺れる船上での撮影ではぜひ利用したい。

●双眼鏡

遠くの海上に浮上したクジラやイルカの行動を観察したり、種をたしかめるうえで双眼鏡は欠かせない。またクジラの多い海は、海鳥の多い海でもある。双眼鏡があれば、バード・ウォッチングもあわせて楽しむことができる。揺れる船のうえでは、倍率が高く、大きいものは使いにくい。8倍程度のものが手頃だろう。また、双眼鏡のなかの視野はより大きく揺れて、覗きつづけると船酔いをしやすいので注意。最近では手ぶれ補正機構つきの双眼鏡も発売されている。

●GPS

何の目印もない海の上で(カーナビのように)そのときの位置を教えてくれる。クジラを発見したとき、そのときの位置(緯度と経度)をGPSによって確認、記録する。

●海図とコンパス

海岸線の状況や海の深さは、海図によって知ることができる。本来は大きなものだが、バッグに入る程度におりたたみ、濡れないようにクリアファイルかビニル袋に入れて使用する。船が動いていれば、GPSによって方角を知ることができるが、船が止まったときに方角を知るために簡単なコンパスもあれば便利だ。

クジラ・イルカをよく知るために Understanding Whales and Dolphins

クジラ・イルカの声を聞く
Listening Whale Voices

海中は、陸上に比べて
視界はきかないが、音をよく伝える世界である。
こうした環境のなかで、
クジラやイルカの仲間はさまざまな声を、
くらしのなかで使うようになった。
いったい彼らは海中で
どんな声を発しているか、
水中マイクを通して
聞いてみよう。

ソング
Song

一般的には、ザトウクジラの雄が繁殖期に発する、長く抑揚のある声をさす。これは「ユニット」と呼ばれるそれぞれの音がくりかえされて「フレーズ」を構成、さらにはそれが「テーマ」としてまとめられるなど、規則性をもってくりかえされるために「ソング」と呼ばれるようになった（図1）。
このソングについては、雄が雌にむけて発するものとする説と、ライバルの雄にむけて自分の優位を誇示するためのものとする説がある。
また近年、ホッキョククジラが繁殖期に発する声が詳細に録音され、60種以上の音を、あるものは何時間にもわたって出すことがわかり、この声も「ソング」と呼ばれている。

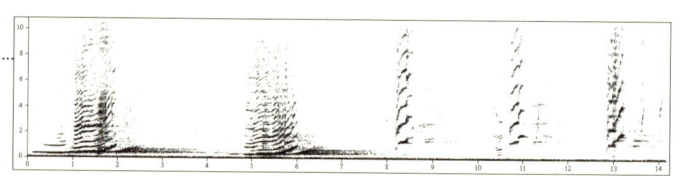

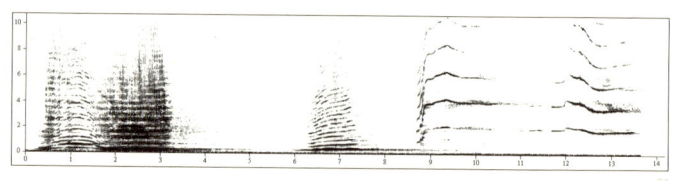

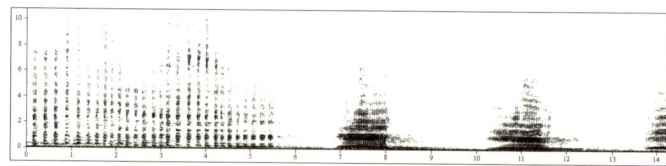

（図1）ザトウクジラ（雄）のソングのスペクトログラム。（横軸は時間、縦軸は音の周波数。）

採餌中のザトウクジラが発する声

ザトウクジラがバブルネット・フィーディング（p.153）を行うとき、群れのなかの1頭が長く続く声を海中に響かせる。これはいっしょに採餌を行う全員が動きをそろえるためのものか、ニシンの群れを追いたてるためのものかは明らかではないが、音が途切れた直後、巨大な口をあけたクジラの群れが海面を破って現れる。

ホイッスル
Whistle

ピュウピュウと笛を吹くような澄んだ連続声（図2）で、イルカ同士のコミュニケーションに用いられる。イルカの多くが発するが、ネズミイルカの仲間のように、ホイッスルをもたないものもいる。種によっては「シグニチャーホイッスル」と呼ばれて、それぞれの個体に特徴的な要素を含んでいることが知られ、群れのなか（とくに母子の間）での認識に用いられているらしい。

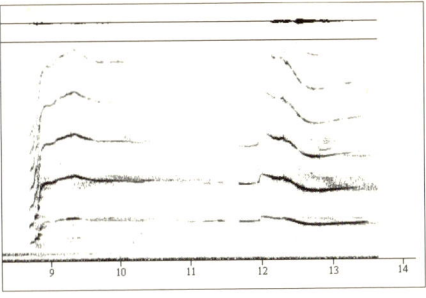

（図2）ハンドウイルカのホイッスル

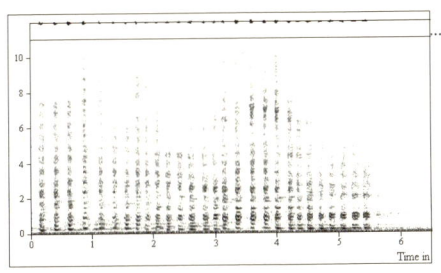

クリックス
clicks

きわめて短く（数十～数百μ秒）、広い周波数帯域を含む音が「パルス」と呼ばれるが、なかでも周波数が高く小刻みに発せられるものが「クリックス」と呼ばれる（図3）。クリックスは、ハクジラ類がエコロケーションのために発するもので、イルカやシャチが連続的に発するときにはギリギリとドアがきしむような音に、マッコウクジラが深海で獲物のイカなどを探すときにはカチ、カチと聞こえる。

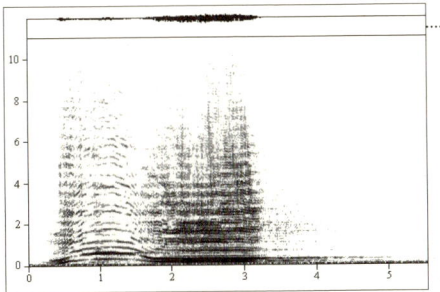

（図3）ハンドウイルカのクリックス

バーストパルス（層状音）
Burst Pulse

イルカたちの声のなかには、ギャアギャアと叫ぶような声や、ネコが喉を鳴らすような濁った不規則な声もある。パルス音がつながって聞こえるもの。攻撃的な行動をとるときや威嚇などの場合に発せられる。

（図4）ハンドウイルカのバーストパルス

パルスコール
Pulse Call

シャチは、上記のホイッスル音やクリック音を、それぞれコミュニケーションやエコロケーションのために発するが、それらとは別に「ウィーン」や「ギュイ」と聞こえる多彩な声を発する。この声もパルスがつながったもので「パルスコール」と呼ばれる。生態研究が進んでいるアラスカからカナダ太平洋岸に生息するシャチ個体群では、ポッド（p.170）ごとに特有のパルスコールのレパートリーをもっていることが確かめられている。

コーダ
Coda

マッコウクジラではいくつかパルスで構成されるを「コーダ」と呼ばれる鳴音を発する。ひとつの群れ（家族ユニット、p.156）は、何種かのコーダをもっており、その組み合わせは家族ユニットに特有のものだ。家族ユニットの仲間同士が戯れるときに頻繁に発せられ、群れ内、あるいは群れ間で認識しあうために使われているのだろう。マッコウクジラはパルスを、コミュニケーションにも（コーダ）、エコロケーションにも（クリックス）使っている。

クジラ・イルカをよく知るために　Understanding Whales and Dolphins

スバールバル諸島（スピッツベルゲン島）周辺のホッキョククジラ（p.154）。
かつての過酷な捕鯨による激減から回復できず、個体数は明らかではないが、絶滅が懸念される状態であることは間違いない。

東部太平洋のセミクジラ（p.150）。
最近の調査で個体数が30頭（うち雌は8頭）まで減少していることが明らかになった。同種には西部太平洋に300～900頭とも見積もられる別の個体群が生息するが、2つの個体群の間に遺伝的な交流はなく、東部太平洋の個体群は、大型鯨の個体群のなかではもっとも絶滅に近いものと考えられる。

インドカワイルカ。
インダス川、ガンジス川流域に生息するこのイルカは、漁網による捕獲や、環境・水質の悪化により減少。現在数千頭と考えられているが、止むことのない混獲やさらなる開発等が懸念されている。

オホーツク海のホッキョククジラ（p.154）。
オホーツク海には隔離されたホッキョククジラの個体群が生息。おそらくは数百頭程度だろう。

メコン川のカワゴンドウ（p.201）。
カワゴンドウは東南アジアからオーストラリア北部の沿岸域、および一部の大河に生息するが、2011年の調査でメコン川に生息するカワゴンドウが85頭にまで減少していると報告された。

香港沿岸に生息するシナウスイロイルカ（p.191）。
2003年に推定個体数158頭だった香港沿岸のシナウスイロイルカは、2011年には78頭にまで減少。減少の最大の理由は、体内に蓄積される汚染化学物質。とくに子イルカは、胎内にいるときから母親の汚染物質にさらされるとともに、母乳を通して汚染物質を大量にとりこんでしまう。

太平洋の西側に分布するコククジラ（p.148）。
太平洋の東側（北米大陸の太平洋岸）に生息する個体群は、かつての危機を乗り越え、現在25000～26000頭にまで回復。一方、サハリン沿岸から日本海にかけて分布する個体群は、回復の兆しが見えず、現在100頭程度。

セッパリイルカ（p.202）。
ニュージーランドの（北島の一部を除く）沿岸に生息するこのイルカは、刺し網漁による混獲によって減少。現在は刺し網漁は規制されて急激な減少はなくなったが、推定個体数は2000～2500頭程度

危機に瀕した
クジラ・イルカ
Whales and Dolphins in Peril

アラスカ、クック湾の
ベルーガ（シロイルカ、p.166）。
クック湾に、他の生息域から隔離された
300〜400頭の個体群が生息。
2011年にはクック湾が重要生息域に指定。

アラスカ、プリンス・ウィリアム湾の
AT1グループのシャチ（p.170）。
プリンス・ウィリアム湾と一部の接続水域にのみ生息する
トランジエントAT1グループは
他の個体群とは遺伝的に隔離され、現在7頭。
鯨類の個体群としては、もっとも絶滅に近い。

セントローレンス川の
ベルーガ（シロイルカ、p.166）。
ベルーガは北極海に広く分布するが、
各地に隔離された個体群が生息。
そのなかでセントローレンス川に
分布する個体群は、
五大湖から流れ出る汚染化学物質を
体内に高濃度に蓄積、現在500頭程度。

タイセイヨウセミクジラ（p.150）。
かつての過酷な捕鯨により
激減した状態から回復できず、
近年は船舶との衝突も少なくない。
現在350頭程度。

コガシラネズミイルカ（p.205）。
カリフォルニア湾の奥だけに生息するこのイルカは、
沿岸の刺し網漁による混獲により減少。
現在400頭程度。

＊さらに研究が進めば、さまざまな鯨類の地域的に隔離された個体群が、危機に瀕し、あるいは絶滅に近い状態にあることが明らかになる可能性も少なくない。いずれの種や個体群でも同じだが、個体数が減少したとき、近親交配によって遺伝的な多様性が失われることが懸念される。

クジラ・イルカをよく知るために Understanding Whales and Dolphins

個体を識別する
Individual Identification

同じ個体が、別の季節に別の海で観察されれば、回遊や移動のようすが垣間見えてくる。また、どの個体とどの個体が頻繁にいっしょに行動するといった情報が蓄積できれば、群れや社会についても知ることができるだろう。こうして詳細な生態研究のために、クジラのさまざまな種で、個体を識別する試みがなされてきた。

● シロナガスクジラ　Blue Whale ●

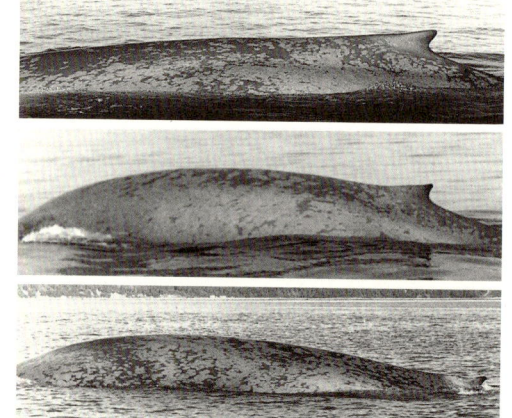

背は青灰色の濃淡による斑模様でおおわれるが、この斑模様が1頭1頭それぞれに異なる。この斑模様を撮影、記録することで個体識別が行われてきた。撮影された斑模様が長い背のどの部分かがわかるように、写真には噴気孔あるいは背びれを入れるのが常だ。

モノクロでコントラストを強めた写真では、斑模様がよりはっきりと認識できる。

新たに撮影されたシロナガスクジラの写真を、すでに記録済みのクジラのファイルのものと照合するRichard Sears博士。

● ザトウクジラ　Humpback Whale ●

ザトウクジラは深く潜る前に、尾びれを海面に高くあげる。このときに見せる尾びれ裏側の白と黒の模様は、1頭1頭それぞれに異なることが確かめられている。ザトウクジラが観察できる海ではそれぞれ、尾びれ裏側の模様が撮影され、詳細な"戸籍台帳"がつくられ、個体数の推定や回遊ルートの解明に役だてられている。

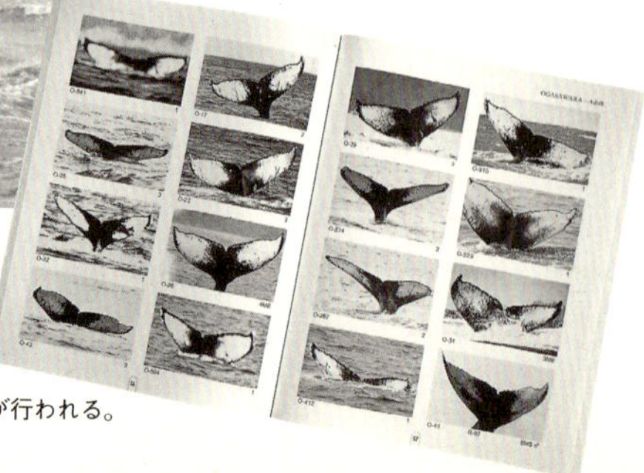

深く潜ろうとするザトウクジラの群れ。そのときに見せる尾びれの裏側の模様は1頭1頭異なる。

撮影された尾びれのファイル。戸籍台帳として、新たに目撃、撮影された尾びれの写真と照合が行われる。

● セミクジラ類　Right Whales

セミクジラ類の上下の顎には「ケロシティー」と呼ばれる明色のこぶ状の隆起が大小散在する (p.150)。ケロシティーの大きさや配置のさまが、各個体によって異なるため、個体識別のための自然標識として使われる。それぞれの個体を確実に識別できるよう、記録のための写真は高い崖の上から、あるいは飛行機によって真上から撮影された写真が使用される。

高い崖の上から撮影したセミクジラの頭部。ケロシティー (明色のこぶ状の隆起p.150) の分布のさまが1頭1頭異なる。

頭部 (上顎) を真上から撮影した写真を使用して作られた、アルゼンチン、バルデス半島沿岸に来遊するミナミセミクジラの"戸籍台帳"。

● シャチ　Orca, Killer Whale

シャチの背びれは、雄では成長すると高さ2mほどにのび、雌ならば鎌形で、雌雄を見わけるのはたやすい。それだけでなく、雄同士、雌同士でも1頭1頭それぞれに微妙に形が異なり、また切れこみなどの特徴的な傷跡もあわせて、個体識別のための自然標識として利用される。また背びれの後ろにある白い模様 (サドルパッチ) の形も、個体識別の手がかりになる。1970年初頭にカナダ太平洋岸に生息する個体群ではじめられ、現在ではカムチャッカ半島沿岸やノルウェー沿岸など各地に生息する個体群で同様の研究が行われている。

もっとも詳細な研究が行われているアラスカからカナダ太平洋岸に生息するシャチ個体群では、それぞれの個体がどのポッドに属するか、またポッドのなかでの母子や兄弟の関係などが詳しく調べられている。さらに毎年新たな子どもが誕生するため、家系図は継続して改訂がなされている。

219

クジラ・イルカをよく知るために Understanding Whales and Dolphins

クジラをとりまく危機
Hidden Dangers

クジラやイルカに対する理解が、この10年あるいは20年の間に大きく進んだことは間違いない。しかし一方で、人間による産業活動がもたらすこの動物たちにの危機は、いまにいたるまでつづいている。

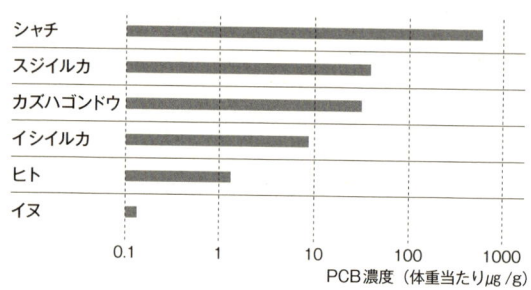

シャチ	
スジイルカ	
カズハゴンドウ	
イシイルカ	
ヒト	
イヌ	

0.1　1　10　100　1000
PCB濃度（体重当たりμg/g）

立川涼「恐るべき化学物質汚染」1994より

●体に蓄積される汚染物質

ハクジラ類は海の食物連鎖の高位に位置するため、餌生物からとりこまれる汚染化学物質や水銀などの重金属類を、体内に高い濃度で蓄積している。とくにPCBや殺虫剤のDDTなどの有機塩素系化合物は、現在は使用が禁止されているものの、かつて使用されたものが海に流れこみ、それがハクジラ類（とくにシャチのようなより食物連鎖の頂点に位置する動物）の体内にいまも高濃度に蓄積されて、その濃度は陸上哺乳類の1000倍におよぶことも珍しくない。

●混獲

「混獲」とは、ほかの魚介類を目的とした漁で使用される漁網や釣り針に、目的としない動物がかかってしまうこと。多くの海鳥やウミガメ、鯨類がその犠牲になっている。とくにクジラやイルカが刺し網などの定置網にからまると、海面に出て呼吸ができずに死んでしまう。現在、それぞれの漁法で混獲をふせぐためのさまざまな工夫がなされるようになったが、いまなお混獲はあとをたたない。

漁網を体にからませて泳ぐザトウクジラ。

スクリューで切り裂かれたと思われるコククジラの尾びれ。

●船舶との衝突

海面近くにとどまって休んだり、呼吸のために海面に浮上したクジラが、船舶と衝突する事故は思いのほか多い。日本近海でも、とくに水中翼船や高速艇が、しばしば衝突事故を起こしている。じっさいに海でクジラを観察しても、背や尾びれに、船のへさきやスクリューによってついたと思われる傷をもった個体に出会うことは珍しくないが、それ以上の数が、事故によって命を落としていると思われる。

スクリューによる傷跡をもつザトウクジラの背中。

種名、英名、学名一覧 Species List

ヒゲクジラ亜目
●ナガスクジラ科
シロナガスクジラ	Blue whale	—*Balaenoptera musculus*
ナガスクジラ	Fin whale	—*Balaenoptera physalus*
イワシクジラ	Sei whale	—*Balaenoptera borealis*
ツノシマクジラ	Omura's whale	—*Balaenoptera omurai*
ニタリクジラ	Bryde's whale	—*Balaenoptera edeni*
ミンククジラ	Minke whale	—*Balaenoptera acutorostrata*
クロミンククジラ	Antarctic minke whale	—*Balaenoptera bonaerensis*
ザトウクジラ	Humpback whale	—*Megaptera novaeangliae*

●コククジラ科
コククジラ	Gray whale	—*Eschrichtius robustus*

●セミクジラ科
セミクジラ	North Pacific right whale	—*Eubalaena japonica*
タイセイヨウセミクジラ	North Atlantic right whale	—*Eubalaena glacialis*
ミナミセミクジラ	Southern right whale	—*Eubalaena australis*
ホッキョククジラ	Bowhead whale	—*Balaena mysticetus*

●コセミクジラ科
コセミクジラ	Pygmy right whale	—*Caperea marginata*

ハクジラ亜目
●マッコウクジラ科
マッコウクジラ	Sperm whale	—*Physeter macrocephalus*

●コマッコウ科
コマッコウ	Pygmy sperm whale	—*Kogia breviceps*
オガワコマッコウ	Dwarf sperm whale	—*Kogia simus*

●アカボウクジラ科
キタトックリクジラ	Northern bottlenose whale	—*Hyperoodon ampullatus*
ミナミトックリクジラ	Southern bottlenose whale	—*Hyperoodon planifrons*
ツチクジラ	Baird's beaked whale	—*Berardius bairdii*
ミナミツチクジラ	Arnoux's beaked whale	—*Berardius arnuxii*
タスマニアクチバシクジラ	Shepherd's beaked whale	—*Tasmacetus shepherdi*
アカボウクジラ	Cuvier's beaked whale	—*Ziphius cavirostris*
タイヘイヨウアカボウモドキ	Longman's beaked whale	—*Indopacetus pacificus*
アカボウモドキ	True's beaked whale	—*Mesoplodon mirus*
イチョウハクジラ	Ginkgo-toothed beaked whale	—*Mesoplodon ginkgodens*
オオギハクジラ	Stejneger's beaked whale	—*Mesoplodon stejnegeri*
コブハクジラ	Blainville's beaked whale	—*Mesoplodon densirostris*
タイヘイヨウオウギハクジラ	Andrew's beaked whale	—*Mesoplodon bowdoini*
ニュージーランドオウギハクジラ	Hector's beaked whale	—*Mesoplodon hectori*
ハッブスオウギハクジラ	Hubbs' beaked whale	—*Mesoplodon carlhubbsi*
ヒガシアメリカオウギハクジラ	Gervais' beaked whale	—*Mesoplodon europaeus*
ヒモハクジラ	Strap-toothed whale	—*Mesoplodon layardii*
ピグミー(ペルー)オウギハクジラ	Pygmy beaked whale	—*Mesoplodon peruvianus*
ミナミオウギハクジラ	Gray's beaked whale	—*Mesoplodon grayi*
ヨーロッパオウギハクジラ	Sowerby's beaked whale	—*Mesoplodon bidens*
バハモンドオウギハクジラ	Spade toothed beaked whale	—*Mesoplodon traversii*

●イッカク科
イッカク	Narwhal	—*Monodon monoceros*
ベルーガ(シロイルカ)	Beluga, White whale	—*Delphinapterus leucas*

クジラ・イルカをよく知るために　Understanding Whales and Dolphins

● マイルカ科

シャチ	Orca, Killer whale	—*Orcinus orca*
ヒレナガゴンドウ	Long-finned pilot whale	—*Globicephala melas*
コビレゴンドウ	Short-finned pilot whale	—*Globicephala macrorhynchus*
オキゴンドウ	False killer whale	—*Pseudorca crassidens*
ユメゴンドウ	Pygmy killer whale	—*Feresa attenuata*
カズハゴンドウ	Melon-headed whale	—*Peponocephala electra*
ハンドウイルカ	Bottlenose dolphin	—*Tursiops truncatus*
ミナミハンドウイルカ	Indo-Pacific bottlenose dolphin	—*Tursiops aduncus*
マイルカ	Short-beaked common dolphin	—*Delphinus delphis*
ハセイルカ	Long-beaked common dolphin	—*Delphinus capensis*
ハシナガイルカ	Spinner dolphin	—*Stenella longirostris*
クライメンイルカ	Clymene dolphin	—*Stenella clymene*
スジイルカ	Striped dolphin	—*Stenella coeruleoalba*
マダライルカ	Pantropical spotted dolphin	—*Stenella attenuata*
タイセイヨウマダライルカ	Atlantic spotted dolphin	—*Stenella frontalis*
ハナゴンドウ	Risso's dolphin	—*Grampus griseus*
シワハイルカ	Rough-toothed dolphin	—*Steno bredanensis*
アフリカウスイロイルカ	Atlantic humpback dolphin	—*Sousa teuszii*
シナウスイロイルカ	Indo-Pacific humpback dolphin	—*Sousa chinensis*
サラワクイルカ	Fraser's dolphin	—*Lagenodelphis hosei*
カマイルカ	Pacific white-sided dolphin	—*Lagenorhynchus obliquidens*
ハラジロカマイルカ	Dusky dolphin	—*Lagenorhynchus obscurus*
タイセイヨウカマイルカ	Atlantic white-sided dolphin	—*Lagenorhynchus acutus*
ダンダラカマイルカ	Hourglass dolphin	—*Lagenorhynchus cruciger*
ハナジロカマイルカ	White-beaked dolphin	—*Lagenorhynchus albirostris*
ミナミカマイルカ	Peale's dolphin	—*Lagenorhynchus australis*
セミイルカ	Northern right whale dolphin	—*Lissodelphis borealis*
シロハラセミイルカ	Southern right whale dolphin	—*Lissodelphis peronii*
コビトイルカ	Tucuxi	—*Sotalia fluviatilis*
カワゴンドウ(イラワジイルカ)	Irrawaddy dolphin	—*Orcaella brevirostris*
コシャチイルカ	Heaviside's dolphin	—*Cephalorhynchus heavisidii*
イロワケイルカ	Commerson's dolphin	—*Cephalorhynchus commersonii*
セッパリイルカ	Hector's dolphin	—*Cephalorhynchus hectori*
ハラジロイルカ(チリイロワケイルカ)	Chilean dolphin	—*Cephalorhynchus eutropia*

● ネズミイルカ科

ネズミイルカ	Harbor porpoise	—*Phocoena phocoena*
コガシラネズミイルカ	Vaquita	—*Phocoena sinus*
コハリイルカ	Burmeister's porpoise	—*Phocoena spinipinnis*
メガネイルカ	Spectacled porpoise	—*Australophocaena dioptrica*
イシイルカ	Dall's porpoise	—*Phocoenoides dalli*
スナメリ	Finless porpoise	—*Neophocaena phocaenoides*

● カワイルカ科

インドカワイルカ	South Asian river dolphin, Susu	—*Platanista gangetica*

● アマゾンカワイルカ科

アマゾンカワイルカ	Amazon river dolphin, Boto	—*Inia geoffrensis*

● ヨウスコウカワイルカ科

ヨウスコウカワイルカ	Chinese river dolphin, Baiji	—*Lipotes vexillifer*（すでに絶滅）

● ラプラタカワイルカ科

ラプラタカワイルカ	Franciscana	—*Pontoporia blainvillei*

参考文献 References

マクドナルド,D.W 編『動物大百科 第２巻 海生哺乳類』平凡社　1986
宮崎信之・粕谷俊雄 編『海の哺乳類』サイエンティスト社　1990
マーティン, A. 編『クジラ・イルカ大図鑑』平凡社　1991
加藤秀弘『マッコウクジラの自然誌』平凡社　1995
Carwardine, M. Whales, Dolphins and Porpoises. Dorling Kindersley 1995
レザーウッド, S., リーヴズ, R.『シエラクラブ版　クジラ・イルカハンドブック』
吉岡基、光明義文、天羽綾郁 訳　平凡社　1996
水口博也『クジラ・イルカ大百科』阪急コミュニケーションズ　1998
Carwardine, M., Hoyt, E., Fordyce, R.E. & Gill, P. Whales, Dolphins and Porpoises. Time-Life Books 1998
ジェファーソン, T., レザーウッド, J., ウェバー , M.,
『海の哺乳類　FAO種同定ガイド』NTT出版　1999
加藤秀弘『ニタリクジラの自然誌』平凡社　2000
National Audubon Society: Guide to Marine Mammals of the World, Alfred A. Knopf 2002
村山司、中原史生、森恭一 編著『イルカ・クジラ学―イルカとクジラの謎に挑む』東海大学出版会　2002
加藤秀弘 編『日本の哺乳類学３　水生哺乳類』東京大学出版会　2008
村山司 編著『鯨類学』東海大学出版会　2008
笠松不二男、宮下富夫、吉岡基『鯨とイルカのフィールドガイド』東京大学出版会　2009
加藤秀弘『鯨類海産哺乳類学』生物研究社　2010
水口博也『クジラ・イルカ生態写真図鑑』講談社ブルーバックス　2010
粕谷俊雄『イルカ　小型鯨類の保全生物学』東京大学出版会　2011

水口博也 Hiroya Minakuchi

1953年、大阪生まれ。京都大学理学部動物学科卒業後、
出版社にて書籍の編集に従事しながら、海棲哺乳類の研究と撮影をつづける。
1984年、フリーランスとして独立。
以来、世界中の海をフィールドに、動物や自然を取材して数々の写真集を発表。
とりわけ鯨類の生態写真は世界的に評価されている。
1991年、写真集『オルカ アゲイン』で講談社出版文化賞写真賞受賞。
2000年、『マッコウの歌—しろいおおきなともだち』で第五回日本絵本大賞受賞。
近年は地球環境全体を視野に入れ、
熱帯雨林から南極・北極まで広範囲にわたる取材を展開している。

著書、写真集に『オルカ—海の王シャチと風の物語』『アラスカ』(早川書房)、
『クジラ・イルカ大百科』『ガラパゴス大百科』(阪急コミュニケーションズ)、
『BIG BLUE』(アップフロントブックス)、『クジラ・イルカ生態写真図鑑』(講談社)、
『クジラと海とぼく』(アリス館)、『ぼくが写真家になった理由』(シータス) など多数。

http://www.hiroyaminakuchi.com/

著者	水口博也
ブックデザイン	菅沼 画
イラスト	脇坂祐三子
プリンティングディレクター	髙栁 昇

クジラ&イルカ生態ビジュアル図鑑　NDC480

2013年7月15日　発行

著　者　水口博也
発行者　小川雄一
発行所　株式会社 誠文堂新光社
　　　　〒113-0033　東京都文京区本郷3-3-11
　　　　（編集）電話 03-5800-5776
　　　　（販売）電話 03-5800-5780
　　　　http://www.seibundo-shinkosha.net/
印刷・製本　株式会社 東京印書館

©2013, Hiroya Minakuchi/CETUS.　Printed in Japan　検印省略
(本書掲載記事の無断転用を禁じます)
落丁、乱丁本はお取り替えいたします。

本書のコピー、スキャン、デジタル化等の無断複製は、著作権法上での例外を除き、禁じられています。本書を代行業者等の
第三者に依頼してスキャンやデジタル化することは、たとえ個人や家庭内での利用であっても著作権法上認められません。

[JRRC〈日本複製権センター委託出版物〉]
本書を無断で複写複製（コピー）することは、著作権法上での例外を除き、禁じられています。本書をコピーされる場合は、
事前に日本複製権センター（JRRC）の許諾を受けてください。
JRRC〈http://www.jrrc.or.jp　eメール：jrrc_info@jrrc.or.jp　電話：03-3401-2382〉

ISBN978-4-416-11334-9